密码学及
信息安全基础

陈小松 编著

清华大学出版社
北 京

内 容 简 介

全书共 5 章和 2 个附录,包含数论和代数基础知识、经典密码、对称密码、公钥密码、数字签名等信息安全知识的内容,还包括课内实验以及实验参考程序(包含用 Java、MATLAB、Maple 实现部分密码系统等). 内容安排循序渐进,由浅入深,重点突出,读者在学习每一部分密码学内容之前,就刚好学完了所需的基础知识,便于读者学习. 本书可作为高等院校计算机、信息安全、网络、软件、通信等相关专业本科生以及低年级研究生的教材,也可作为与密码学及信息安全相关的工程技术人员学习的读本.

图书在版编目(CIP)数据

密码学及信息安全基础/陈小松编著. —北京:清华大学出版社,2018(2023.8 重印)
ISBN 978-7-302-51100-7

Ⅰ. ①密… Ⅱ. ①陈… Ⅲ. ①密码学—高等学校—教材②信息安全—安全技术—高等学校—教材 Ⅳ. ①TN918.1②TP309

中国版本图书馆 CIP 数据核字(2018)第 195624 号

责任编辑:刘 颖
封面设计:傅瑞学
责任校对:赵丽敏
责任印制:宋 林

出版发行:清华大学出版社
       网 址:http://www.tup.com.cn, http://www.wqbook.com
       地 址:北京清华大学学研大厦 A 座   **邮 编:**100084
       社 总 机:010-83470000   **邮 购:**010-62786544
       投稿与读者服务:010-62776969,c-service@tup. tsinghua. edu. cn
       质量反馈:010-62772015,zhiliang@tup. tsinghua. edu. cn
印 装 者:三河市君旺印务有限公司
经 销:全国新华书店
开 本:170mm×240mm   **印 张:**12   **字 数:**215 千字
版 次:2018 年 9 月第 1 版   **印 次:**2023 年 8 月第 7 次印刷
定 价:38.00 元

产品编号:081084-01

　　随着信息网络的发展,互联网对信息的保密和安全的要求越来越高,信息安全建设不仅关系到个人、单位利益,更重要的是关系到国家的安全和发展.很多与计算机相关的专业开设了密码学及信息安全的课程,但是所采用的大部分教材将密码学与数学内容分开,且大多只介绍数学结论,学生很难掌握密码学的思想和算法.本教材按照所需的数学基础知识结构编排,将密码学的内容融入数论和代数中,学生在学习密码学的每一部分内容之前,刚好学完了所需的基础知识.内容编排循序渐进,由浅入深,重点突出,尽可能讲清楚内容的方法和原理,以所需知识和思想方法先做铺垫,使学生更加容易理解,能够学得轻松,记得清楚.

　　本教材重点介绍密码学的基本思想和基本方法,包含数论和代数基础知识、经典密码、对称密码、公钥密码、数字签名等其他信息安全知识的内容,考虑到很多学校密码学和信息安全课程还包括课内实验,在第 5 章之后附加了课内实验内容,安排这些实验是为加深学生对算法或操作的理解和认识,也可以提高学生的应用能力和编程解决实际问题的能力.维吉尼亚密码作为经典密码的代表,第 1 章学完可以开始;RSA 公钥作为基于大整数分解密码系统的代表,第 2 章第 2 节学完可以开始;Gamal 公钥作为基于离散对数密码系统的代表,第 2 章学完可以开始;流密码密钥生成程序设计第 4 章学完可以开始;序列码生成程序设计作为认证码的一个应用,第 5 章第 1 节讲完可以开始;Windows 7 自带防火墙的配置第 5 章第 5 节讲完可以开始.又考虑到不同专业学生掌握的编程语言不同,所以附加了用 Java、MATLAB、Maple 实现部分密码系统的实验参考程序.之所以选择这 3 种语言是因为:其一,Java 是计算机专业最基本的编程语言;其二,MATLAB 是理工科学生使用较多的编程语言;其三,Maple 是实现一些算法简单高效的编程语言,特别适合研究型读者使用.教师可以根据教学实际情况选取.很多学校密码学和信息安全课程(包括实践环节)为 64 学时或更少学时,为了适应这种情况,在保证教材内容完整和推导严谨的同时,结合各学校教学的实际情况,将某些内容设置为选讲内容,用星号标注.在教学时可以跳过这些内容.但是对于研究型读者来说,搞清楚这些内容,有助于理解后面的内容.本教材各章节配备了适量习题,还配备了教学课件,需要教学课件的读者可从清华大学出版社网上获取.本教材可能会有需要改进的地方,若读者发现其中的问题,请与清华大学出版社联系,以便在再版时加以完善.

作者

2018 年 6 月

第 1 章

整除性、同余与经典密码

1.1 整数的整除性

1.1.1 整除的概念

本书中,用 $\mathbf{N}=\{0,1,2,3,\cdots\}$ 表示自然数的集合, $\mathbf{Z}^{+}=\{1,2,3,\cdots\}$ 表示正整数的集合, $\mathbf{Z}=\{\cdots,-2,-1,0,1,2,\cdots\}$ 表示全体整数的集合.

两个整数相加、相减、相乘的结果仍然是整数,但是两个整数相除却不一定是整数.

定义 1.1 设 $a,b\in\mathbf{Z},b\neq0$,若 $\dfrac{a}{b}\in\mathbf{Z}$,则说 b **整除** a,记作 $b\,|\,a$,也说 b 是 a 的**因数**或 a 是 b 的**倍数**;若 $\dfrac{a}{b}\notin\mathbf{Z}$,则说 b 不能整除 a.

为了使表达简洁,用 $\forall$ 表示"对于一切",用 $\Rightarrow$ 表示"蕴含", $\Leftrightarrow$ 表示"当且仅当".

定理 1.1 $b\,|\,a\Leftrightarrow$ 存在 $q\in\mathbf{Z}$,使得 $a=bq(b\neq0)$.

证 若 $b\,|\,a$, $\dfrac{a}{b}=q\in\mathbf{Z}$,即 $a=bq(b\neq0)$;反过来,若 $a=bq(b\neq0)$,两边同除以 b,则得 $\dfrac{a}{b}=q\in\mathbf{Z}$.

当 $q\neq\pm1,\pm a$ 时,则说 b 是 a 的真因数.

整除有以下基本性质.

定理 1.2 (1) $c\,|\,b,b\,|\,a\Rightarrow c\,|\,a$.

(2) $d\,|\,a,d\,|\,b\Rightarrow\forall p,q\in\mathbf{Z},d\,|\,(pa+qb)$.

(3) $b\,|\,a,a\neq0\Rightarrow|b|\leqslant|a|$.

(4) $b\,|\,a,c\neq0\Leftrightarrow cb\,|\,ca$.

证 (1) $c\,|\,b,b\,|\,a\Rightarrow b=cs,a=bt\Rightarrow a=(cs)t=c(st)\Rightarrow c\,|\,a$.

(2) $a=ds,b=dt,pa+qb=dps+dqt=d(ps+qt)\Rightarrow d\mid(pa+qb)$.

(3) $a=bc\Rightarrow|a|=|b||c|,a\neq0\Rightarrow|a|\neq0$. 又 $|c|\geqslant1\Rightarrow|b|\leqslant|a|$.

(4) $a=bs\Rightarrow ca=cbs\Rightarrow cb\mid ca$.

例 1.1　k 个连续整数的乘积能被 $k!$ 整除.

证　考查 $n(n-1)\cdots(n-k+1)$.

(1) 若 $(n-k+1)>0$,则

$$C_n^k=\frac{n(n-1)\cdots(n-k+1)}{k!}\in\mathbf{Z}\Rightarrow k!\mid n(n-1)\cdots(n-k+1).$$

(2) 若 $n(n-1)\cdots(n-k+1)=0$,则 $k!\mid0$.

(3) 若 $n<0$,则 $-n=n'>0$. 令 $n=-n'$,则 $n(n-1)\cdots(n-k+1)=(-n')(-n'-1)\cdots(-n'-k+1)=(-1)^kn'(n'+1)\cdots(n'+k-1)$,归结为第一种情况.

因此,$k!\mid n'(n'+1)\cdots(n'+k-1)$,所以,$k!\mid(-1)^kn'(n'+1)\cdots(n'+k-1)$,即 $k!\mid n(n-1)\cdots(n-k+1)$.

例 1.2　证明 对于任何正整数 $n,6\mid n(n+1)(2n+1)$.

证
$$n(n+1)(2n+1)=n(n+1)(n-1+n+2)$$
$$=(n-1)n(n+1)+n(n+1)(n+2),$$

由例 1.1,

$$3!\mid(n-1)n(n+1),\quad3!\mid n(n+1)(n+2),$$

因此,$6\mid n(n+1)(2n+1)$.

定理 1.3（带余除法）　设 $a,b\in\mathbf{Z},b>0$,则存在唯一的 q,r,使得
$$a=bq+r,\quad0\leqslant r<b.$$

证　作数列 $\cdots,-2b,-b,0,b,2b,\cdots$,则 a 必落在某一区间且只能落在一个区间,即存在 q,使

$qb\leqslant a<(q+1)b\Rightarrow0\leqslant a-qb<b$. 令 $r=a-qb$,则有 $a=qb+r,0\leqslant r<b$. 由于只能在一个区间,所以 q 唯一,从而 r 唯一.

1.1.2　最大公因数

定义 1.2　设 $a,b\in\mathbf{Z},a,b$ 不全为 0,如果 $d\mid a$ 且 $d\mid b$,则称 d 为 a 和 b 的公因数. 而把 a 和 b 的所有公因数中最大的称为 a 和 b 的**最大公因数**,记为 (a,b) 或 $\gcd(a,b)$.

最大公因数的概念可以推广到多个,即 n 个不全为 0 的整数 $a_1,a_2,\cdots,a_n$ 的所有公因数中最大的称为 $a_1,a_2,\cdots,a_n$ 的最大公因数,记为 $(a_1,a_2,\cdots,a_n)$,或

$\gcd(a_1, a_2, \cdots, a_n)$.

定理 1.4 $(a,b) = (|a|, |b|)$.

证 $d|a, d|b \Leftrightarrow d||a|, d||b|$,即 a, b 的公因数集与 $|a|, |b|$ 的公因数集合相同,因此最大的也就相同.

定理 1.4 表明,求两个整数的最大公因数归结为求两个正整数的最大公因数,故求 a 的公因数时,若 a 是负数,则可以去掉 a 的负号.

定理 1.5 如果 $a = bq + c$,则 $(a,b) = (b,c)$.

证 若 $d|a, d|b \Rightarrow d|b, d|(a-bq)$,即 $d|c$;反过来,若 $d|b, d|c \Rightarrow d|b, d|(bq+c)$,即 $d|a$. 这表明 a, b 的公因数集与 b, c 的公因数集合相同,最大的也就相同.

例 1.3 $c|(a+b)$,则 $(a,c) = (b,c)$.

证 $a+b = cs \Rightarrow a = cs - b$,由定理 1.4、定理 1.5,$(a,c) = (b,c)$.

求两个正整数的最大公因数的方法称为**辗转相除法**,又称为**欧几里得除法**.

定理 1.6 设 $a, b \in \mathbf{Z}^+$,反复用带余除法,即用每次的余数为除数去除上一次的除数,直到余数为 0,可得

$$a = bq_1 + r_1, \quad 0 < r_1 < b,$$
$$b = r_1 q_2 + r_2, \quad 0 < r_2 < r_1,$$
$$r_1 = r_2 q_3 + r_3, \quad 0 < r_3 < r_2,$$
$$\vdots$$
$$r_{n-2} = r_{n-1} q_n + r_n, \quad 0 < r_n < r_{n-1},$$
$$r_{n-1} = r_n q_{n+1} + r_{n+1}, \quad r_{n+1} = 0.$$

最后一个不为 0 的余数 r_n 就是 a 和 b 的最大公因数.

证 由定理 1.5

$(a,b) = (b, r_1) = (r_1, r_2) = \cdots = (r_{n-1}, r_n) = (r_n, r_{n+1}) = (r_n, 0) = r_n.$

例 1.4 求 $(525, 231)$.

解 将 525 和 231 辗转相除,得

$$525 = 2 \times 231 + 63,$$
$$231 = 3 \times 63 + 42,$$
$$63 = 1 \times 42 + 21,$$
$$42 = 2 \times 21 + 0.$$

这个过程可以按如下竖式计算出来:

2	525	231	3
	462	189	
1	63	42	2
	42	42	
	21	0	

所以 $(525,231)=21$.

定理 1.7 a,b 的公因数集与 (a,b) 的因数集合相同.

证 设 d 是 a,b 的公因数,即 $d|a,d|b$,则由辗转相除法的过程,得 $d|r_n=(a,b)$,即 a,b 的公因数是 (a,b) 的因数;反过来,设 d 是 (a,b) 的因数,则 $d|(a,b)$. 而 $(a,b)|a,(a,b)|b$,于是 $d|a,d|b$,即 (a,b) 的因数是 a,b 的公因数.

推论 1.1 $\forall k \in \mathbf{Z},(a,b)=(a,b+ka)$.

证 $(a,b)|a,(a,b)|b$,由定理 $1.5 \Rightarrow (a,b)|(b+ka)$,从而 $(a,b)|(a,b+ka)$;令 $d=(a,b+ka)$,则 $d|a,d|ka+b \Rightarrow d|(b+ka)-ka$,即 $d|b \Rightarrow d|(a,b)$.

将推论 1.1 用于例 1.4,有 $(525,231)=(525+(-2) \cdot 231,231)=(63,231)=(63,(-4) \cdot 63+231)=(63,21)=21$.

《九章算术》中的**更相减损术**,相当于 $a>b>0,k=-1$ 的情况下的推论 1.1.

****引理 1.1** 设 $a,b \in \mathbf{Z},q_i$ 由辗转相除法得到,则
$Q_k a - P_k b = (-1)^{k-1} r_k$,这里
$$P_0=1, \quad P_1=q_1, \quad P_k=q_k P_{k-1}+P_{k-2},$$
$$Q_0=0, \quad Q_1=1, \quad Q_k=q_k Q_{k-1}+Q_{k-2}, \quad k=2,3,\cdots,n.$$

证 对 k 用数学归纳法. 当 $k=1$ 时,$Q_1 a - P_1 b = a - q_1 b = r_1$,结论成立;
当 $k=2$ 时,$Q_2 a - P_2 b = a(q_2 Q_1 + Q_0) - (q_2 P_1 + P_0)b = -r_2$.

假定对于小于 k 结论成立,则
$$\begin{aligned}
Q_k a - P_k b &= (q_k Q_{k-1}+Q_{k-2})a - (q_k P_{k-1}+P_{k-2})b \\
&= q_k(Q_{k-1}a - P_{k-1}b) + Q_{k-2}a - P_{k-2}b \\
&= q_k(-1)^{k-2}r_{k-1} + (-1)^{k-3}r_{k-2} = (-1)^{k-2}(q_k r_{k-1} - r_{k-2}) \\
&= (-1)^{k-2}(q_k r_{k-1} - (r_{k-1}q_k + r_k)) \\
&= (-1)^{k-2}(-r_k) = (-1)^{k-1}r_k,
\end{aligned}$$

即结论对于 k 成立.

定理 1.8 $ax+by=(a,b),a>0,b>0$ 的一个解为
$$x_0 = (-1)^{n-1}Q_n, \quad y_0 = (-1)^n P_n.$$

证 在引理 1.1 中取 $k=n$,即得.

推论 1.2 设 a,b 不全为 $0,a,b \in \mathbf{Z}$,则存在 $x,y \in \mathbf{Z}$,使 $(a,b)=xa+yb$.

证 不妨设 $a \neq 0$. 若 x,y 满足 $|a|x+by=(a,b)$,当 $a<0$ 时,$-x,y$ 满足 $ax+by=(a,b)$.

定义 1.3 如果整数 a 与整数 b 的最大公因数为 1,则称 a 与 b **互素**,记为 $(a,b)=1$.

互素的概念可以推广到多个,即若 n 个整数 $a_1,a_2,\cdots,a_n$ 的最大公因数为 1,则称 $a_1,a_2,\cdots,a_n$ 互素,记为 $(a_1,a_2,\cdots,a_n)=1$.

如果 $a_1,a_2,\cdots,a_n$ 中任意两个都互素,则称 $a_1,a_2,\cdots,a_n$ **两两互素**.

例如 2,3,6 互素,2,3 互素,但 2,6 不互素,所以 2,3,6 不是两两互素.

推论 1.3 $(a,b)=1 \Leftrightarrow$ 存在 $s,t\in\mathbf{Z}$,使得 $sa+tb=1$.

证 "$\Rightarrow$"$(a,b)=1$,由推论 1.2 直接得出;

"$\Leftarrow$"若有 $s,t\in\mathbf{Z}$,使 $sa+tb=1$,若 $d|a,d|b$,则 $d|(sa+tb)=1$,即 $(a,b)=1$.

定理 1.9 设 $a,b\in\mathbf{Z},a,b$ 不全为 0,则 $\forall m\in\mathbf{Z}^+$,有 $(ma,mb)=m(a,b)$.

证 将辗转相除法的等式乘以 m,有

$$am=bmq_1+r_1m,\quad 0<r_1m<bm,$$
$$bm=r_1mq_2+r_2m,\quad 0<r_2m<r_1m,$$
$$r_1m=r_2mq_3+r_3m,\quad 0<r_3m<r_2m,$$
$$\vdots$$
$$r_{n-2}m=r_{n-1}mq_n+r_nm,\quad 0<r_nm<r_{n-1}m,$$
$$r_{n-1}m=r_nmq_{n+1}+r_{n+1}m,\quad r_{n+1}m=0,$$

所以 $(am,bm)=r_nm=(a,b)m$.

定理 1.10 $a,b,c\in\mathbf{Z},b,c$ 不全为 0,且 $(a,c)=1$,则 $(ab,c)=(b,c)$.

证 $(a,c)=1$,故存在 $s,t\in\mathbf{Z}$,使得 $sa+tc=1$,两边乘以 b,得 $s(ab)+tbc=b$.若 $d|ab,d|c$,则 $d|b$.反之,若 $d|b,d|c$,则 $d|ab$,故 ab,c 与 b,c 有相同的公因数,由有限数集的最大数唯一,得 $(ab,c)=(b,c)$.

推论 1.4 若 $(a,c)=1,(b,c)=1$,则 $(ab,c)=1$.

推论 1.5 若 $c|ab,(a,c)=1$,则 $c|b$.

证 $c|ab,|c|=(c,ab)=(c,b)$,由定理 1.10,得 $c|b$.

定义 1.4 设 $a|m,b|m$,则说 m 是 a,b 的一个公倍数,最小的正公倍数称为**最小公倍数**,记作 $[a,b]$ 或 $\mathrm{lcm}(a,b)$.

定理 1.11 设 $a,b\in\mathbf{Z}^+$,则 $[a,b]=\dfrac{ab}{(a,b)}$.

证 设 $a|m,b|m\Rightarrow m=ak=bs$.令 $a=(a,b)a_1,b=(a,b)b_1$,则

$$m=(a,b)a_1k=(a,b)b_1s\Rightarrow a_1k=b_1s,\quad (a_1,b_1)=\left(\frac{a}{(a,b)},\frac{b}{(a,b)}\right)=1,$$

$$b_1|k,即 k=b_1t\Rightarrow m=(a,b)a_1b_1t=\frac{ab}{(a,b)}t,$$

$t=1$ 时最小,即 $[a,b]=\dfrac{ab}{(a,b)}$.

例如,$a=18=2\times 3^2, b=12=2^2\times 3, (a,b)=6, [a,b]=\dfrac{ab}{(a,b)}=\dfrac{18\times 12}{(18,12)}=36.$

习题 1.1

1. 对任意整数 n,证明 $30\mid n^5-n.$

2. 求 $(210,119).$

3. 设 $a_n x^n+a_{n-1}x^{n-1}+\cdots+a_0$ 是一个整系数多项式,则它的有理根 $\dfrac{p}{q}$ 一定满足 $p\mid a_0, q\mid a_n$,从而证明 $\sqrt{2}$ 不是有理数.

1.2　不定方程

1.2.1　二元一次不定方程

公元 5 世纪《张丘建算经》里,有一道百鸡问题:

　　　鸡翁一,值钱五,

　　　鸡母一,值钱三,

　　　鸡雏三,值钱一,

　　　百钱买百鸡,

　　　问鸡翁、鸡母、鸡雏各几何?

设买公鸡 x 只,买母鸡 y 只,买小鸡 z 只,那么

$$\begin{cases} x+y+z=100, & (1\text{-}1)\\ 5x+3y+z/3=100. & (1\text{-}2) \end{cases}$$

$(1\text{-}2)\times 3-(1\text{-}1)$,得 $14x+8y=200$,即

$$7x+4y=100.$$

设 a,b,c 是整数,

$$ax+by=c \qquad\qquad (1\text{-}3)$$

称为二元一次不定方程. 适合方程 $(1\text{-}3)$ 的整数 x,y 称为该不定方程解.

并不是所有二元一次方程都有解,例如方程 $4x+12y=15$ 无解,因为对任意整数 $x,y, 4x+12y$ 永远是偶数.

定理 1.12　设 $ab\neq 0$,则 $ax+by=c$ 有解 $\Leftrightarrow (a,b)\mid c.$

证　"$\Rightarrow$"若方程 $(1\text{-}3)$ 有解 x,y,即 $ax+by=c$,则 $(a,b)\mid a, (a,b)\mid b$,因此

$(a,b)\,|\,(ax+by)$，即 $(a,b)\,|\,c$.

"⇐"若 $(a,b)\,|\,c$，则 $c=(a,b)c_1$，由存在整数 s,t 使得 $(a,b)=sa+tb$，两边乘以 c_1，有 $c=(a,b)c_1=(sc_1)a+(tc_1)b$，则 $x=sc_1,y=tc_1$ 就是 $ax+by=c$ 的一个解.

由定理 1.12，当 $ax+by=c$ 有解时，$(a,b)\,|\,c$，令 $c=(a,b)c_1$，由定理 1.8 得，$ax+by=(a,b),a>0,b>0$ 的一个解为 $x_0=(-1)^{n-1}Q_n,y_0=(-1)^nP_n$，故 $ax+by=(a,b)c_1,a>0,b>0$ 的一个解为 $x_0=(-1)^{n-1}Q_nc_1,y_0=(-1)^nP_nc_1$，若 a 或 b 小于 0，只需将 x_0 或 y_0 反号.

定理 1.13　若 x_0,y_0 是方程(1-3)的一个解，则方程(1-3)的一切解可表示为

$$x=x_0-\frac{b}{(a,b)}t,\quad y=y_0+\frac{a}{(a,b)}t,\quad t\in\mathbf{Z}. \tag{1-4}$$

证　先证式(1-4)是方程(1-3)的解.

$$a\left(x_0-\frac{b}{(a,b)}t\right)+b\left(y_0+\frac{a}{(a,b)}t\right)=ax_0+by_0-\frac{ab}{(a,b)}t+\frac{ab}{(a,b)}t=c,\text{即}$$
式(1-4)是方程(1-3)的解.

假设 x',y' 是方程(1-3)的另一解，即 $ax'+by'=c=ax_0+by_0$，则

$$a(x'-x_0)=b(y_0-y')\Rightarrow\frac{a}{(a,b)}(x'-x_0)=\frac{b}{(a,b)}(y_0-y'). \tag{1-5}$$

又 $\left(\dfrac{a}{(a,b)},\dfrac{b}{(a,b)}\right)=1$，因此

$$\frac{a}{(a,b)}\,\Big|\,(y_0-y')\Rightarrow y'-y_0=\frac{a}{(a,b)}t,\quad t\in\mathbf{Z}\Rightarrow y'=y_0+\frac{a}{(a,b)}t,$$

代回式(1-5)，有 $\dfrac{a}{(a,b)}(x'-x_0)=\dfrac{b}{(a,b)}\cdot\dfrac{-a}{(a,b)}t\Rightarrow x'=x_0-\dfrac{b}{(a,b)}t.$

现在来求百鸡问题中的二元一次不定方程 $7x+4y=100$ 的解，显然 $x=0$，$y=25$ 是一个解，它的一切解为

$$x=0-4t,\quad y=25+7t,\quad z=100-x-y=75-3t.$$

又 x,y,z 非负，因此 $-3\leqslant t\leqslant0$. 取 $t=0,t=-1,t=-2,t=-3$，就有：$x=0,y=25,z=75;x=4,y=18,z=78;x=8,y=11,z=81;x=12,y=4,z=84.$ 三种鸡都买，则 x,y,z 都是正整数，故后三组解符合题意.

再来看求二元一次不定方程一个解的一般方法.

例 1.5　求 $525x+231y=21$ 的一个解.

解　例 1.4 已求出过 q_1,q_2,q_3,q_4，因为 r_3 是最后一个不等于 0 的余数，所以 $n=3$，不要 q_4.

	0	1	2	3
q		2	3	1
P	1	2	7	9
Q	0	1	3	4

$P_2 = P_0 + P_1 \cdot q_2 = 1 + 2 \times 3 = 7, \cdots$，由定理 1.8，$x_0 = (-1)^2 4 = 4$，$y_0 = (-1)^3 9 = -9$ 为它的一个解.

1.2.2　三元一次不定方程

设 a, b, c, d 是整数，

$$ax + by + cz = d \tag{1-6}$$

称为三元一次不定方程. 类似于二元一次不定方程的情况，可以证明方程 (1-6) 有解 $\Rightarrow (a, b, c) \mid d$，注意到 $(a, b, c) \mid (a, b)$，方程 (1-6) 可以分解为两个二元一次不定方程

$$ax + by = (a, b)t \quad \text{和} \quad (a, b)t + cz = d$$

分别求解再合起来消去 t，就得到了方程 (1-6) 的解.

1. 解不定方程 $360x - 306y = 630$.

2. (马克思) 有 30 个人，其中有男人、女人和小孩，在一家饭馆里花了 50 先令. 每个男人花 3 先令，每个女人花 2 先令，每个小孩花 1 先令. 那么请问：男人、女人、小孩各有几人？

1.3　素数、取整函数

1.3.1　素数、算术基本定理

定义 1.5　设 $p \in \mathbf{Z}, p \geqslant 2$. 如果 p 的正因数只有 1 和 p，则称 p 为**素数**，否则称 p 为合数.

若素数 p 是正整数 a 的因数，则称 p 为 a 的素因数.

定理 1.14　设 $a \in \mathbf{Z}, a > 1, p$ 是 a 的大于 1 的最小正因数，则 p 是素数；当

a 是合数时,有 $p \leqslant \sqrt{a}$.

证 若 p 不是素数,则有 p 有真因数 p_1,满足 $1 < p_1 < p$. 因 $p|a$,得 $p_1|a$,这与 p 是 a 的大于 1 的最小正因数矛盾,所以 p 是素数;当 a 是合数时,$a = pa_1$,$p \leqslant a_1 \Rightarrow p^2 \leqslant pa_1 = a$,所以 $p \leqslant \sqrt{a}$.

例 1.6 因为 97 的最小正因数只可能是 $2,3,5,7$,但它们都不整除 97,所以 97 是素数.

定理 1.15 设 $a \in \mathbf{Z}$,p 是素数,则必有 $p|a$ 或 $(p,a) = 1$.

证 因 p 是素数,由 $(p,a)|p$,得 $(p,a) = p$ 或 $(p,a) = 1$,注意到 $(p,a)|a$,即 $p|a$ 或 $(p,a) = 1$.

推论 1.6 设 p 是素数,$p|a_1 a_2 \cdots a_k$,则 p 整除某一 $a_i (i = 1, 2, \cdots, k)$.

证 若 p 不整除 $a_i (i = 1, 2, \cdots, k)$,则 $(p, a_i) = 1$,由推论 1.4 得
$$(p, a_1 a_2 \cdots a_k) = 1,$$
这与 $p|a_1 a_2 \cdots a_k$ 矛盾.

例 1.7 若 $(a,b) = 1$,$a|c$,$b|c$,则 $ab|c$.

证 由 $a|c$,$b|c$ 得 $c = a \cdot c_1 = b \cdot c_2$,故 $b|ac_1$. 但 $(a,b) = 1$,故 $b|c_1$,从而 $c_1 = b \cdot c_3$,于是 $c = ab \cdot c_3$,因此 $ab|c$.

定理 1.16(算术基本定理) 每一个大于 1 的整数 a 都可以唯一的分解为素数的乘积,即 $a = p_1 p_2 \cdots p_s$,其中 $p_i (i = 1, 2, \cdots, s)$ 是素数,$p_1 \leqslant p_2 \leqslant \cdots \leqslant p_s$.

唯一性是指:若还有分解 $a = q_1 q_2 \cdots q_t$,$q_1 \leqslant q_2 \leqslant \cdots \leqslant q_t$,$q_i (i = 1, 2, \cdots, t)$ 为素数,则 $s = t$,$q_i = p_i$.

***证** 对 a 用数学归纳法. 当 $a = 2$ 时,a 已是素数,结论成立.

假定结论对于小于 a 的整数成立,考查 a. 若 a 是素数,结论已成立;若 a 是合数,则 $a = bc$,$1 < b < a$,$1 < c < a$,由归纳假定,b, c 可写成素数的乘积,合起来再从小到大排列,a 就写成了素数的乘积.

下面证明唯一性.

若 $a = p_1 p_2 \cdots p_s = q_1 q_2 \cdots q_t$,$p_1 | q_1 q_2 \cdots q_t$,因此 $p_1 |$ 某一 q_i,$q_1 | p_1 p_2 \cdots p_s$,因此 $q_1 |$ 某一 p_j,$p_1 \leqslant p_j = q_1 \leqslant q_i = p_1 \Rightarrow q_1 = p_1 \Rightarrow p_2 \cdots p_s = q_2 \cdots q_t$. 由归纳假定得,$q_i = p_i$,$i = 2, \cdots, t$,$s - 1 = t - 1$,因此,$s = t$,$q_i = p_i$,$i = 1, 2, \cdots, t$.

设 $a = p_1^{\alpha_1} p_2^{\alpha_2} \cdots p_s^{\alpha_s}$,其中 $p_i (i = 1, 2, \cdots, s)$ 是素数,$p_1 < p_2 < \cdots < p_s$. $\alpha_i \geqslant 0$,则称此形式为 a 的标准分解式.

一般地,如果 $a = p_1^{\alpha_1} p_2^{\alpha_2} \cdots p_s^{\alpha_s}$,$b = p_1^{\beta_1} p_2^{\beta_2} \cdots p_s^{\beta_s}$,则
$$(a, b) = p_1^{\gamma_1} p_2^{\gamma_2} \cdots p_s^{\gamma_s}, \quad \text{其中} \quad \gamma_i = \min\{\alpha_i, \beta_i\};$$

$$[a,b]=p_1^{\delta_1}p_2^{\delta_2}\cdots p_s^{\delta_s},\quad 其中\quad \delta_i=\max\{\alpha_i,\beta_i\}.$$

例 1.8 $24=8\times3=2^3\times3\times5^0,90=2\times3^2\times5=2\times3^2\times5,$故
$$(24,90)=2\times3=6,\quad [24,90]=2^3\times3^2\times5=360.$$

例 1.9 找 30 以内的素数.

解 先将 1 到 30 的正整数从小到大顺序排列:

$$\begin{array}{cccccccccc} 1 & 2 & 3 & 4 & 5 & 6 & 7 & 8 & 9 & 10 \\ 11 & 12 & 13 & 14 & 15 & 16 & 17 & 18 & 19 & 20 \\ 21 & 22 & 23 & 24 & 25 & 26 & 27 & 28 & 29 & 30 \end{array}$$

1 不是素数,去掉.剩下的数中 2 是素数,去掉 2 的倍数,2 后面余下的第一个数 3 是素数,去掉 3 的倍数,3 后面余下的第一个数 5 是素数,去掉 5 的倍数,因为小于 $\sqrt{30}$ 的最大素数是 5,而小于 30 的数若有真因数,则最小正因数不会超过 5,故余下的全为素数. 求出的素数为 2,3,5,7,11,13,17,19,23,29. 这种方法称为幼拉托斯展那筛法.

定理 1.17 素数个数为无穷多.

证 假设素数个数有限,设为 $p_1,p_2,\cdots,p_n.$ 令 $N=p_1p_2\cdots p_n+1$,则 p_i 不整除 $N(i=1,2,\cdots,n).$

由定理 1.14,N 的最小正因数 p 是素数,即 $p\mid N$,由上式可知 $p\ne p_i$,所以 p 是一个新素数. 矛盾.

例 1.10 $4h-1$ 型素数有无穷多.

证 假设 $4n_1-1,4n_2-1,\cdots,4n_k-1$ 是所有 $4h-1$ 型素数,令
$$N=4(4n_1-1)(4n_2-1)\cdots(4n_k-1)-1.$$

注意到

a	$4h+1$	$4h-1$	$4h-1$	$4h+1$
b	$4h+1$	$4h-1$	$4h+1$	$4h-1$
ab	$4h+1$	$4h+1$	$4h-1$	$4h-1$

由此可以看出,ab 为 $4h-1$ 型数时至少有一个因数是 $4h-1$ 型数,因此 N 必含有一个 $4h-1$ 型的新素因数,与假设只有 k 个矛盾.

1.3.2 取整函数

定义 1.6 设 x 是实数,$[x]$ 表示不超过 x 的整数部分,$\{x\}$ 表示 x 的小数部分,即 $x\in\mathbf{R},x=[x]+\{x\},0\leqslant\{x\}<1,[x]$ 称为**取整函数**或**高斯函数**.

取整函数的基本性质:设 $x,y\in\mathbf{R}$,则

(1) $[x] \leqslant x < [x]+1$；

(2) 设 $n \in \mathbf{Z}$，则 $[n+x]=n+[x]$；

(3) $[x]+[y] \leqslant [x+y]$；

(4) $[-x]=-[x]-1, x \notin \mathbf{Z}$；$[-x]=-[x], x \in \mathbf{Z}$；

(5) 若 $a,b \in \mathbf{Z}, b>0$，则 $a=b\left[\dfrac{a}{b}\right]+b\left\{\dfrac{a}{b}\right\}$；

(6) 设 $a,b \in \mathbf{Z}^+$，则不大于 a 为 b 的倍数的正整数个数为 $\left[\dfrac{a}{b}\right]$。

证 (5) 由 $\dfrac{a}{b}=\left[\dfrac{a}{b}\right]+\left\{\dfrac{a}{b}\right\}, 0<\left\{\dfrac{a}{b}\right\}<1 \Rightarrow a=b\left[\dfrac{a}{b}\right]+b\left\{\dfrac{a}{b}\right\}$；

(6) $bk, k=1,2,\cdots,\left[\dfrac{a}{b}\right]$ 是所有不超过 a 为 b 的倍数的整数，而 $0 \leqslant b\left\{\dfrac{a}{b}\right\}$ $\leqslant b-1$，所以一共有 $\left[\dfrac{a}{b}\right]$ 个不超过 a 为 b 的倍数的整数。

习题 1.3

1. 找出 100 以内的素数。

2. 要判别 89 是否为素数，至少要试除几次？

3. 求 $[3+\sqrt{2}], [-(3+\sqrt{2})]$。

1.4 同余

1.4.1 同余的概念和性质

定义 1.7 设 $a,b \in \mathbf{Z}, m \in \mathbf{Z}^+$，如果 $m \mid (a-b)$，则说 a 与 b 关于模 m **同余**，记作 $a \equiv b \pmod{m}$。

同余有以下的一些性质。

(1) 若 $a_1 \equiv b_1 \pmod{m}, a_2 \equiv b_2 \pmod{m}$，则

$$a_1 \pm a_2 \equiv b_1 \pm b_2 \pmod{m}; \quad a_1 a_2 \equiv b_1 b_2 \pmod{m}.$$

特别地，若 $a \equiv b \pmod{m}$，则 $a^i \equiv b^i \pmod{m}, ka \equiv kb \pmod{m}$。

证 $a_1 \equiv b_1 \pmod{m} \Rightarrow a_1 - b_1 = ms; a_2 \equiv b_2 \pmod{m} \Rightarrow a_2 - b_2 = mt$，于是

$$(a_1+a_2)-(b_1+b_2)=(a_1-b_1)+(a_2-b_2)=ms+mt=m(s+t)$$

$$\Rightarrow a_1+a_2 \equiv b_1+b_2 \pmod{m};$$

$a_1a_2 - b_1b_2 = a_1a_2 - b_1a_2 + b_1a_2 - b_1b_2 = (a_1 - b_1)a_2 + b_1(a_2 - b_2)$，由定理 1.2 得，$a_1a_2 \equiv b_1b_2 \pmod{m}$.

(2) 设 $f(x)$ 是一个整系数多项式，$x \equiv y \pmod{m}$，则 $f(x) \equiv f(y) \pmod{m}$.

证　设 $f(x) = a_nx^n + a_{n-1}x^{n-1} + \cdots + a_1x + a_0$.

$$x \equiv y \pmod{m} \Rightarrow x^i \equiv y^i \pmod{m} \Rightarrow a_ix^i \equiv a_iy^i \pmod{m}$$

$$\Rightarrow \sum_{i=0}^{n} a_ix^i \equiv \sum_{i=0}^{n} a_iy^i \pmod{m}.$$

(3) 若 $ad \equiv bd \pmod{m}$，且 $(d, m) = 1$，则 $a \equiv b \pmod{m}$.

证　$m \mid (ad - bd) \Rightarrow m \mid (a - b)d$. 又 $(d, m) = 1 \Rightarrow m \mid (a - b)$，即 $a \equiv b \pmod{m}$.

(4) $a \equiv b \pmod{m}$，$k \neq 0$，则 $ka \equiv kb \pmod{km}$.

证　$m \mid (a - b)$，$a - b = mt \Rightarrow ka - kb = kmt$，即 $ka \equiv kb \pmod{km}$.

(5) $a \equiv b \pmod{m}$，$d \mid m$，则 $a \equiv b \pmod{d}$.

证明留作习题.

(6) $a \equiv b \pmod{m} \Rightarrow (a, m) = (b, m)$.

证　$a \equiv b \pmod{m} \Rightarrow a - b = mt \Rightarrow a = mt + b$，由定理 1.5 得，$(a, m) = (b, m)$.

(7) 同余关系是等价关系，即：

① 自反性 $a \equiv a \pmod{m}$.

② 对称性 $a \equiv b \pmod{m} \Rightarrow b \equiv a \pmod{m}$.

③ 传递性 $a \equiv b \pmod{m}$，$b \equiv c \pmod{m} \Rightarrow a \equiv c \pmod{m}$.

证明留作习题.

1.4.2　弃九法

弃九法是一种对加、减、乘结果的简便验算方法，原理如下：

设 $a \in \mathbf{Z}^+$，则 $a = a_{n-1}10^{n-1} + \cdots + a_110 + a_0$，其中 $a_i \in \{0, 1, 2, \cdots, 9\}$. 由

$10 \equiv 1 \pmod{9} \Rightarrow 10^i \equiv 1 \pmod{9}$，于是 $a = \sum_{i=0}^{n-1} a_i10^i \equiv \sum_{i=0}^{n-1} a_i \pmod{9}$.

同样，若 $b = b_{m-1}10^{m-1} + \cdots + b_110 + b_0$，则 $b \equiv \sum_{i=0}^{m-1} b_i \pmod{9}$，因此

$$ab \equiv \sum_{i=0}^{n-1} a_i \sum_{j=0}^{m-1} b_j \pmod{9}.$$

假设 $a = 67890764332223311234567$，$b = 123456789987687 1234456973$，有人算出 $p = ab = 8381575834266852967790656449974291195047178 5791$. 但 $a \equiv 4 \pmod{9}$，$b \equiv 8 \pmod{9} \Rightarrow ab \equiv 5 \pmod{9}$，而 $p \equiv 6 \pmod{9}$，因此计算有误.

这种方法称为**弃九法**，之所以称为弃九法是因为在检验时遇 9 可弃之. 如

$a = 678907643322223311234567, 6+3=9,$ 弃之, $7+2=9,$ 弃之, $\cdots$.

这种古老的弃九法,也是现代数据校验思想的基础,比如 $a \equiv r(\mathrm{mod}\, m), 0 \leqslant r < m,$ 则 r 可以看作 a 的校验值的最简单形式.

由 $a = \sum\limits_{i=0}^{n-1} a_i 10^i \equiv \sum\limits_{i=0}^{n-1} a_i (\mathrm{mod}\, 9),$ 得 $a - \sum\limits_{i=0}^{n-1} a_i \equiv 0(\mathrm{mod}\, 9),$ 即一个数减去其数码和必为 9 的倍数. 下面是一个数字游戏:Alice 让 Bob 想一个多位数,然后减去其数码和得到一个多位数,比如是 5 位数,将其任意 4 位的数码,比如是 $2,3,7,4$ 告诉 Alice,Alice 依此原理,可算出 Bob 留下的数码是 2.

习题 1.4

1. $a \equiv b(\mathrm{mod}\, m), d \mid m,$ 证明 $a \equiv b(\mathrm{mod}\, d)$.
2. 证明同余关系是等价关系,即
(1) 自反性 $a \equiv a(\mathrm{mod}\, m)$;
(2) 对称性 $a \equiv b(\mathrm{mod}\, m) \Rightarrow b \equiv a(\mathrm{mod}\, m)$;
(3) 传递性 $a \equiv b(\mathrm{mod}\, m), b \equiv c(\mathrm{mod}\, m) \Rightarrow a \equiv c(\mathrm{mod}\, m)$.
3. 找出错误的计算:$a = 678907643322223311234567, b = 12345678998768711234456973$.
A. $ab = 8381575834266852967790656449974291195047178 5691$;
B. $ab = 8381575834266852967790656449974291195047178 6691$.

1.5 完全剩余系、简化剩余系

1.5.1 剩余类、完全剩余系

定义 1.8 设 $n \in \mathbf{Z}, n \geqslant 2,$ 记 $[0] = \{kn \mid k \in \mathbf{Z}\}, [1] = \{kn+1 \mid k \in \mathbf{Z}\}, \cdots,$ $[n-1] = \{kn+n-1 \mid k \in \mathbf{Z}\},$ 称 $\{[0], [1], \cdots, [n-1]\}$ 为模 n 的**剩余类**;从每类中取一个数作成的集合,称为模 n 的一个**完全剩余系**;$\{0, 1, 2, \cdots, n-1\}$ 称为模 n 的**最小非负完全剩余系**.

模 n 的完全剩余系的特点:①有 n 个数;②这 n 个数对模 n 两两不同余.

在下面的表述中,用 x 过模 m 的一个完全剩余系表示 x 遍历了模 m 的一个完全剩余系 $\{x_1, x_2, \cdots, x_m\}$ 的值. 例如,x 过模 4 的一个完全剩余系表示 x 遍历了模 4 的一个完全剩余系,可以是 $\{0, 1, 2, 3\}$,也可以是 $\{4, -3, 2, 7\}$ 等.

定理 1.18 设 $(a, m) = 1, b \in \mathbf{Z},$ 若 x 过模 m 的一个完全剩余系,则 $ax_1 + b$ 也过模 m 的一个完全剩余系. 这就是说,若 $\{x_1, x_2, \cdots, x_m\}$ 是 m 的一个完全剩

余系,则 $\{ax_1+b, ax_2+b, \cdots, ax_m+b\}$ 也是 m 的一个完全剩余系.

证 $ax_1+b, ax_2+b, \cdots, ax_m+b$ 是 m 个数. 如果 $ax_i+b \equiv ax_j+b(\bmod m) \Rightarrow m \mid [ax_i+b-(ax_j+b)] \Rightarrow m \mid a(x_i-x_j)$, 而 $(a,m)=1 \Rightarrow m \mid (x_i-x_j) \Rightarrow x_i \equiv x_j(\bmod m)$. 所以这 m 个数对模 m 两两不同余, 故也是模 m 的一个完全剩余系.

定理 1.19 $(m_1, m_2)=1, x_1$ 过模 m_1 的一个完全剩余系, x_2 过模 m_2 的一个完全剩余系, 则 $m_2 x_1 + m_1 x_2$ 过模 $m_1 m_2$ 的完全剩余系.

证 $m_2 x_1 + m_1 x_2$ 共取得了 $m_1 m_2$ 个数. 如果 $m_2 x_1 + m_1 x_2 \equiv m_2 x_1' + m_1 x_2'(\bmod m_1 m_2)$, 则

$$m_2 x_1 + m_1 x_2 \equiv m_2 x_1' + m_1 x_2'(\bmod m_1), \quad m_2 x_1 + m_1 x_2 \equiv m_2 x_1' + m_1 x_2'(\bmod m_2),$$

即
$$m_2 x_1 \equiv m_2 x_1'(\bmod m_1) \Rightarrow x_1 \equiv x_1'(\bmod m_1);$$
$$m_1 x_2 \equiv m_1 x_2'(\bmod m_2) \Rightarrow x_2 \equiv x_2'(\bmod m_2).$$

故这 $m_1 m_2$ 个数对模 $m_1 m_2$ 两两不同余.

1.5.2 欧拉函数、简化剩余系

定义 1.9 设 $n \in \mathbf{Z}^+$, $\varphi(n)$ 表示不超过 n 的正整数中与 n 互素的数的个数. $\varphi(n)$ 称为 n 的欧拉函数.

例 1.11 $\varphi(1)=1, \varphi(2)=1, \varphi(3)=2, \varphi(4)=2, \varphi(5)=4, \varphi(6)=2$; 若 p 是素数, 则 $\varphi(p)=p-1$. 模 10 的完全剩余系 $\{0,1,2,\cdots,9\}$ 中, 1,3,7,9 与 10 互素, 故 $\varphi(10)=4$.

定义 1.10 模 m 的完全剩余系中与 m 互素的数组成的集合, 称为模 m 的一个简化剩余系.

要证明 $\{x_1, x_2, \cdots, x_k\}$ 是模 m 的一个简化剩余系, 需要证明:

(1) $k=\varphi(m)$;

(2) $(x_i, m)=1$;

(3) $x_1, x_2, \cdots, x_k$ 对模 m 两两不同余.

定理 1.20 $(a,m)=1, \{x_1, x_2, \cdots, x_{\varphi(m)}\}$ 是模 m 的一个简化剩余系, 则 $\{ax_1, ax_2, \cdots, ax_{\varphi(m)}\}$ 也是模 m 的一个简化剩余系.

证 由定义 1.10 后的说明, 只须证明 $\{ax_1, ax_2, \cdots, ax_{\varphi(m)}\}$ 满足条件(1)~条件(3).

(1) $ax_1, ax_2, \cdots, ax_{\varphi(m)}$ 是 $\varphi(m)$ 个数;

(2) 因 $(x_i, m)=1, (a,m)=1$, 由推论 1.5 得 $(ax_i, m)=1$;

(3) 若 $ax_i \equiv ax_j(\bmod m)$, 因为 $(a,m)=1$, 消去 a, 得 $x_i \equiv x_j(\bmod m)$, 故 $x_1, x_2, \cdots, x_{\varphi(m)}$ 模 m 两两不同余.

1.5.3 欧拉定理、费马定理

定理 1.21（欧拉定理） 设 $a \in \mathbf{Z}, m \in \mathbf{Z}^+$，如果 $(a,m)=1$，则 $a^{\varphi(m)} \equiv 1(\mathrm{mod}\,m)$，其中 $\varphi(m)$ 为 m 的欧拉函数.

证 设 $\{x_1, x_2, \cdots, x_{\varphi(m)}\}$ 是模 m 的简化剩余系，而 $(a,m)=1$，由定理 1.20 得 $\{ax_1, ax_2, \cdots, ax_{\varphi(m)}\}$ 也是模 m 的简化剩余系，因此

$$ax_1 ax_2 \cdots ax_{\varphi(m)} \equiv x_1 x_2 \cdots x_{\varphi(m)} (\mathrm{mod}\,m),$$

由 $(x_i, m)=1$，得 $(x_1 x_2 \cdots x_{\varphi(m)}, m)=1$，消去 $x_1 x_2 \cdots x_{\varphi(m)}$，得 $a^{\varphi(m)} \equiv 1(\mathrm{mod}\,m)$.

推论 1.7（费马定理） 若 $a \in \mathbf{Z}, p$ 是素数，则 $a^p \equiv a(\mathrm{mod}\,p)$.

证 若 $(a,p)=1$，由欧拉定理得 $a^{\varphi(p)} \equiv 1(\mathrm{mod}\,p)$，两边乘以 a，得 $a^p \equiv a(\mathrm{mod}\,p)$；

若 $(a,p) \neq 1$，而 p 为素数，这时必有 $p|a$，当然满足 $a^p \equiv a(\mathrm{mod}\,p)$.

满足 $a^{m-1} \equiv 1(\mathrm{mod}\,m)$ 的数 m 可能是素数，也可能是合数，使得 $a^{m-1} \equiv 1(\mathrm{mod}\,m)$ 的合数 m 称为**伪素数**.

下面讨论欧拉函数的计算法则. 为了表述简洁，用 x 过模 m 的一个简化剩余系表示 x 取得了模 m 的一个简化剩余系 $\{x_1, x_2, \cdots, x_{\varphi(m)}\}$ 的值.

定理 1.22 $(m_1, m_2)=1, x_1$ 过模 m_1 的一个简化剩余系，x_2 过模 m_2 的一个简化剩余系，则 $m_2 x_1 + m_1 x_2$ 过模 $m_1 m_2$ 的简化剩余系.

*证 要证明 $m_2 x_1 + m_1 x_2$ 过模 $m_1 m_2$ 的简化剩余系，由定义 1.10 后的说明，只须证明它满足条件(1)~条件(3).

(3) 因简化剩余系是完全剩余系的部分，由定理 1.19 知 $m_2 x_1 + m_1 x_2$ 关于模 $m_1 m_2$ 两两不同余.

(2) x_1 过模 m_1 的简化剩余系 $\Rightarrow (x_1, m_1)=1$；x_2 过模 m_2 的简化剩余系 $\Rightarrow (x_2, m_2)=1$. 又 $(m_2, m_1)=1 \Rightarrow (m_2 x_1, m_1)=1 \Rightarrow (m_2 x_1 + m_1 x_2, m_1)=1$；

同理，$(m_2 x_1 + m_1 x_2, m_2)=1$，从而 $(m_2 x_1 + m_1 x_2, m_1 m_2)=1$.

(1) 模 $m_1 m_2$ 的简化剩余系是模 $m_1 m_2$ 的完全剩余系中与模 $m_1 m_2$ 互素的数.

若 $(m_2 x_1 + m_1 x_2, m_1 m_2)=1 \Rightarrow (m_2 x_1 + m_1 x_2, m_1)=1 \Rightarrow (m_2 x_1, m_1)=1 \Rightarrow (x_1, m_1)=1$；

若 $(m_2 x_1 + m_1 x_2, m_1 m_2)=1 \Rightarrow (m_2 x_1 + m_1 x_2, m_2)=1 \Rightarrow (m_1 x_2, m_2)=1 \Rightarrow (x_2, m_2)=1$；

即模 $m_1 m_2$ 的简化剩余系的 $\varphi(m_1 m_2)$ 个数就是这 $\varphi(m_1)\varphi(m_2)$ 个与模 $m_1 m_2$ 互素的数.

推论 1.8 若 $(m_1, m_2)=1$，则 $\varphi(m_1 m_2)=\varphi(m_1)\varphi(m_2)$.

引理 1.2　设 p 是素数，则 $\varphi(p^a) = p^a - p^{a-1}$.

证　不超过 p^a 的数总共 p^a 个，其中与 p 不互素的数就是 p 的倍数的个数，由取整函数的基本性质（6），其中 p 的倍数的个数为 $\left[\dfrac{p^a}{p}\right] = p^{a-1}$，所以 $\varphi(p^a) = p^a - p^{a-1}$.

定理 1.23　设 $a = p_1^{a_1} p_2^{a_2} \cdots p_k^{a_k}$，其中 $p_i\,(i = 1, 2, \cdots, k)$ 是素数，则 $\varphi(a) = a\left(1 - \dfrac{1}{p_1}\right)\left(1 - \dfrac{1}{p_2}\right)\cdots\left(1 - \dfrac{1}{p_k}\right)$.

*证　因为 $i \ne j$ 时 $(p_i^{a_i}, p_j^{a_j}) = 1$，故
$$\varphi(a) = \varphi(p_1^{a_1} p_2^{a_2} \cdots p_k^{a_k}) = \varphi(p_1^{a_1})\varphi(p_2^{a_2})\cdots\varphi(p_k^{a_k}).$$
由引理 1.2 得
$$\varphi(a) = \varphi(p_1^{a_1})\varphi(p_2^{a_2})\cdots\varphi(p_k^{a_k}) = (p_1^{a_1} - p_1^{a_1-1})(p_2^{a_2} - p_2^{a_2-1})\cdots(p_k^{a_k} - p_k^{a_k-1}),$$
$$= p_1^{a_1} p_2^{a_2} \cdots p_k^{a_k}\left(1 - \frac{1}{p_1}\right)\left(1 - \frac{1}{p_2}\right)\cdots\left(1 - \frac{1}{p_k}\right)$$
$$= a\left(1 - \frac{1}{p_1}\right)\left(1 - \frac{1}{p_2}\right)\cdots\left(1 - \frac{1}{p_k}\right).$$

例 1.12　今天是星期一，再过 $3^{10^{10}}$ 天是星期几？

解　$(3, 7) = 1$，$\varphi(7) = 6 \Rightarrow 3^6 \equiv 1(\bmod 7)$. 由 $10 \equiv 4(\bmod 6) \Rightarrow 10^2 \equiv 4(\bmod 6) \Rightarrow 10^n \equiv 4(\bmod 6) \Rightarrow 10^{10} = 6k + 4$. 再由 $3^6 \equiv 1(\bmod 7) \Rightarrow 3^{10^{10}} \equiv 3^{6k+4} \equiv (3^6)^k \cdot 3^4 \equiv 3^4 \equiv 4(\bmod 7)$. 而今天是星期一，所以再过 $3^{10^{10}}$ 天是星期五.

定理 1.24　设 $(a, m) = 1$，则存在 $b \in \mathbf{Z}$，使得 $ba \equiv 1(\bmod m)$，这时称 b 为 a 对模 m 的**逆**，在模 m 的同余式中记为 a^{-1}.

证　因 $(a, m) = 1$，故存在整数 s, t，使得 $sa + tm = 1$，因此 $sa \equiv 1(\bmod m)$. 取 $b = s$ 即可.

下面讨论 a 对模 m 的逆的求法.

$ax \equiv 1(\bmod m)$ 等价于 $ax - 1 = mt$，即 $ax - mt = 1$，这是一个二元一次不定方程，由 $(a, m) = 1$，知它有解，即可以用二元一次不定方程的方法求 x.

也可以利用欧拉定理 $a^{\varphi(m)} \equiv 1(\bmod m)$，则 a 对模 m 的逆为 $a^{\varphi(m)-1}(\bmod m)$.

注　只有在 $(a, m) = 1$ 时，a 对模 m 的逆才存在.

习题 1.5

1. 证明 $56 \mid (5^{60} - 1)$.

2. 下列中哪些是模 6 的完全剩余系？（多选）

A. 1,2,3,4,5;　　　　　　　　　　B. 1,8,3,4,$-$1,6;

C. 0,1,2,3,4,5;　　　　　　　　　　D. 1,2,3,4,5,6,7;

E. 8,1,2,3,$-$2,6.

3. 模 26 的完全剩余系中,哪些元可逆? 找出 3 的逆元.

4. 计算 $\varphi(41)$,$\varphi(27)$; $\varphi(2)\varphi(6)$ 和 $\varphi(3)\varphi(4)$ 哪一个等于 $\varphi(12)$?

5. 求解 $19x \equiv 1(\bmod 37)$.

6. 下列中哪些是模 14 的简化剩余系? (多选)

A. 0,1,2,3,4,5,6,7,8,9,10,11,12,13;　　B. 1,3,5,7,9,11,13;

C. 1,3,5,9,11,13;　　　　　　　　　　D. 15,17,19,9,11,$-$1;

E. 1,2,3,4,5,6,7.

7. 设 p 是素数,$d_1,d_2,\cdots,d_k$ 是 p^a 的所有不同正因数,证明

$$\varphi(d_1)+\varphi(d_2)+\cdots+\varphi(d_k)=p^a.$$

1.6 经典密码

　　密码分为经典密码和现代密码. 未加密的消息称为明文(plaintext)或原文, 加密后称为密文(ciphertext);从明文变为密文的算法称为加密(encryption),通常用 $E(m)$ 表示对 m 进行加密;把密文变为明文的算法称为解密(decryption), 通常用 $D(C)$ 表示对 C 进行解密;在不同的密码学文献中,密码系统也称为密码体制、密码方案与密码算法;密钥集合也称为密钥空间等.

　　经典密码主要使用代换或者置换. 代换是将明文字母替换成其他字母或符号;置换是保持明文的字母不变,只打乱字母的位置;代换又分为单字母代换和多字母代换.

　　设 $m=(m_0,m_1,\cdots,m_{s-1})$ 和 $C=(c_0,c_1,\cdots,c_{s-1})$ 分别表示含 s 个字母的明文字母表和密文字母表,简记为 $m=m_0m_1\cdots m_{s-1}$ 和 $C=c_0\ c_1\cdots c_{s-1}$. 如果 f 为一种代换,那么密文为 $C=E(m)=c_0c_1\cdots c_{s-1}=f(m_0)f(m_1)\cdots f(m_{s-1})$.

　　经典密码通常将字母和数字按下列方式对应:

a	b	c	d	e	f	g	h	i	j	k	l	m	n	o	p	q	r	s	t	u	v	w	x	y	z
0	1	2	3	4	5	6	7	8	9	10	11	12	13	14	15	16	17	18	19	20	21	22	23	24	25

1.6.1 恺撒密码

　　恺撒密码(Caesar)又称为移位密码. 如果用 $k(1 \leqslant k \leqslant 25)$ 表示移位数,则恺撒密码算法为:

加密：$c_i = E(m_i) \equiv m_i + k \pmod{26}$；

解密：$m_i = D(c_i) \equiv c_i - k \pmod{26}$.

结果取模 26 的最小非负完全剩余系.

例如，设密码为 e，对应 4，明文 flower.

加密：将每个字母对应的数字加 4，再对模 26 求余，得到密文 jpsaiv；

解密：将每个字母对应的数字减 4，再对模 26 求余.

恺撒密码的安全性：对密码的分析是基于 Kerckhoff 假设，即攻击者知道是使用恺撒密码加密. 如果知道密文，只要穷举所有可能字母移位的距离，最多尝试 25 次；如果知道一个字符以及它对应的密文，那么可通过明文字符和对应的密文字符之间的距离推出密钥；这说明一个安全的密码体制至少要能够抵抗穷举密钥搜索攻击，普通的做法是将密钥空间变得足够大. 但是，很大的密钥空间也不能保证密码系统的安全.

若对恺撒密码进行改进，假设密文是 26 个字母的任意代换，总共有 $26! \approx 4 \times 10^{26}$ 种密钥，用穷举搜索这么多的密钥确实很困难，但这并不表示该密码不容易破解. 破解这类密码的突破点在于利用语言本身的特点，即在常用单词拼写中各个字母使用的频率不相等. 这种代换并没有改变字母相对出现的频率，明文字母的统计特性在密文中能够反映出来，当通过统计密文字母的出现频率，可以确定明文字母和密文字母之间的对应关系.

单字母出现频率如图 1-1 所示，频率的大小可以分为下面 5 类：

(1) e：出现的频率为 0.1225；

(2) t,a,o,i,n,s,r：出现的频率在 0.06～0.095 之间；

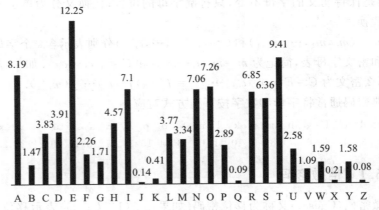

图 1-1 英文字母中出现的频率/%

(3) d,h,l：出现的频率在 0.04～0.05 之间；

(4) c,u,m,w,f,g,y,p,b：出现的频率在 0.015～0.028 之间；

(5) v,k,j,x,q,z：出现的频率小于 0.01.

双字母和三字母组合都有现成的统计数据，常见的双字母组合和三字母组合统计表能够帮助破解密文.

频率最高的 30 个双字母如下（按照频率从大到小排列）：

th he in er an re ed on es st en at to nt ha nd ou ea ng as or ti is et it ar te se hi of.

频率最高的 20 个 3 字母如下（按照频率从大到小排列）：

the ing and her ere ent tha nth was eth for dth hat she ion int his sth ers ver

破解首先统计密文中字母出现的频率，然后与英文字母出现频率比较.例如出现频率最高的可能是 e,t，再看密文中出现频率很低的几个字母，先由出现频率确定部分字母和字母组合，就这样边试边改，最后得到明文.一般对长一点的密文反而破解更快.

1.6.2 仿射密码

由定理 1.18，若 $(a,n)=1$，x 过模 n 的完全剩余系，则 $ax+b$ 也过模 n 的完全剩余系.可以得到仿射密码.

仿射密码密钥 a,b 的选择：$(a,n)=1$，$0 \leqslant b < n$，通常取 $n=26$.

加密：$c_i = E(m_i) = (am_i + b) (\bmod n)$；这里 m_i 是第 i 个明文字母对应的数字.

解密：$m_i = D(c_i) = a^{-1}(c_i - b) (\bmod n)$，这里 a^{-1} 表示 a 对模 n 的逆.

例如，取 $a=3,b=5$，明文 flower，加密算法是

$$c_i = E(m_i) = (3m_i + 5)(\bmod 26);$$

$$f \rightarrow 5, 3 \times 5 + 5 = 20 \rightarrow u, l \rightarrow 11, 3 \times 11 + 5 = 38 \rightarrow 12 \rightarrow m, \cdots,$$

算出密文为 umvtre.

解密时将密文减 b 再乘 a 的逆，再对模 26 求余.

注 当 $a=1$ 时，变为移位密码；当 $b=0$ 时，变为乘法密码.

仿射密码中的密钥空间的大小为 $n\varphi(n)$，当 n 为 26 个字母时，$\varphi(26)=12$，因此仿射密码的密钥空间为 $12 \times 26 = 312$.

仿射密码是单字代换中的**单表代换密码**.

用单表代换密码加密后的密文具有明文字母频率的特征，**多表代换密码**和**多字母代换密码**能够减少这种明文字母频率的特征，它对每个明文字母信息采

用不同的单表代换.

如果明文字母序列为 $m=m_1 m_2 \cdots$, 令 $f=f_1 f_2 \cdots$ 为代换序列, 则对应的密文字母序列为

$$C=E(m)=f_1(m_1)f_2(m_2)\cdots.$$

代换序列有周期序列和非周期无限序列, 分别称为周期多表代换密码和非周期多表代换密码. 周期的更方便一些, 而非周期的安全性更高一些.

1.6.3 维吉尼亚密码

维吉尼亚(Vigenere)密码是一种周期多表代换密码, 最早出现于 1553 年, 维吉尼亚密码常常使用英文单词作为密钥字, 密钥则是密钥字的重复. 加密方法为: 以明文和密钥字母对应的数字相加, 再对模 26 取余, 当密钥取完, 又从头开始取.

例如, 密码为 fox, 明文为 flower,

f+f→5+5=10→k; l+o→11+14=25→z; o+x→14+23≡11→l;

w+f→22+5=1→b; e+o→4+14=18→s; r+x→17+23=14→o,

密文为 kzlbso.

解密方法为 k−f→10−5=5→f, 等.

维吉尼亚密码的安全性分析: 维吉尼亚密码是将每个明文字母映射为几个密文字母, 如果密钥字的长度是 m, 明文中的一个字母能够映射成这 m 个可能的字母中的一个; 密文中字母出现的频率被隐蔽了, 它的安全性明显比单表代换密码提高了; 维吉尼亚密码的密钥空间比较大, 对于长度是 m 的密钥字, 密钥空间为 26^m; 当 $m=5$, 密钥空间所含密钥的数量大于 1.1×10^7. 维吉尼亚密码在 19 世纪中叶被攻破.

1.6.4 费尔南密码

费尔南(Vernam)密码假定明文 m 用 n 位的 0,1 串表示, 密钥 k 也是 0,1 串. 设

$$m=m_1 m_2 \cdots m_n, k=k_1 k_2 \cdots k_s, \quad m_i, k_j \in \{0,1\}, \quad i=1,2,\cdots,n, j=1,2,\cdots,s,$$
$$C=E(m)=c_1 c_2 \cdots c_n, \quad c_i \equiv m_i + k_i \pmod 2, \quad i=1,2,\cdots,n.$$

当 n,s 不相等时, 小的又从头开始取值, 例如, 若 $n=8, s=5$, 则 $k_6=k_1, k_7=k_2, k_8=k_3$.

不难看出, 若已知密钥 k 对应的明文和密文, 则费尔南密码便被攻破. 若费尔南密码使用的是不重复的密钥 k, 则这样的密码称为**一次一密**.

一次一密是非周期多表代换密码, 并且该密钥使用一次后就不再使用. 比

如,使用与明文一样长且无重复的随机密钥来加密明文,逐位计算这两个串的异或值,结果得到的密文不可能被破解,因为即使有了足够数量的密文样本,每个字符的出现概率都是相等的,每任意个字母组合出现的概率也是相等的.一次一密的安全性是取决于密钥的随机性;不但产生大规模随机密钥不容易实现,而且密钥在传递和分发上也存在很大困难.

前面介绍的密码都是以单字母作为代换对象.**多字母代换密码**每次对多个字母进行代换,容易隐藏字母的自然出现频率,有利于对抗统计分析.

1.6.5 普莱费尔密码

普莱费尔(Playfair)密码是将明文中双字母音节作为一个代换单元,是多字母代换密码.

算法是基于一个由密钥组成的一个 5×5 矩阵;假设密钥是 monarchy,构建矩阵的方法是将密钥(去掉重复的字母)从左到右、从上到下填入矩阵中,再将剩余的字母按照字母表除去密钥中的字母,顺序依次填入.在该矩阵中,字母 i 和 j 暂且当一个字母.这样可以构成如下的密钥矩阵:

M	O	N	A	R
C	H	Y	B	D
E	F	G	I/J	K
L	P	Q	S	T
U	V	W	X	Z

普莱费尔的加密方法,每次以两个字母为一个单位进行操作:

(1) 如果这两个字母一样,则在中间插入一个字母 x(事先约定,通常取低频率的一个字母),如 balloon 变成 ba lx lo on;

(2) 如果明文长度不是 2 的倍数,则在最后填入一个字母 x. 如 table 变为 ta bl ex;

(3) 如果两个字母在同一行,用它右边的字母来代替,最右边字母用左边第一个字母代替,如 ar 加密变为 rm;

(4) 如果两个字母在同一列,用它下面的字母来代替,最底下的字母用该列第一个字母代替,如 mu 加密变为 cm;

(5) 其他的字母都用它同一行,另一个字母的同一列相交的字母代替.如,hs 加密变为 bp,ea 变为 im 或 jm,由加密者决定.

例 1.13　假设密钥是 cipher，使用普莱费尔算法加密 Playfair cipher was actually invented by wheatston.

解　先由密钥 cipher 构建如下的密钥矩阵：

c	i/j	p	h	e
r	a	b	d	f
g	k	l	m	n
o	q	s	t	u
v	w	x	y	z

将明文按照两个字母分组为

pl ay fa ir ci ph er wa sa ct ua lx ly in ve nt ed by wh ea ts to nx，

则密文为

bs dw rb ca ip he cf ik qb ho qf sp mx ek zc mu hf dx yi if ut uq lz.

普莱费尔密码的安全性分析：普莱费尔密码的安全性比单表代换密码提高了许多，双字母共有 $26 \times 26 = 676$ 组合，因此频率统计分析表中需要 676 条统计数据；普莱费尔密码中比单表代换更好地隐藏了明文中单字母的结构.

在 1854 年到 1855 年的克里米亚战争和 1899 年的布尔战争中，普莱费尔密码有广泛应用，在第一次世界大战初也被英军使用，但在 1915 年的一次战役中被破译.

用现在的分析方法来看，该密码含明文的部分特征，在给定百余字母密文情况下，该密码就可以破解.

1.6.6　希尔密码

希尔（Hill）密码出现于 1929 年，也是多字母代换密码. 它将明文字母以 n 个字母为单位进行分组，若最后一组没有 n 个字母，则补足没有实际意义的哑字母（双方事先约定字母），并用数字表示这些字母；选择一个 n 阶可逆方阵 $\boldsymbol{K}$，称为 Hill$_n$ 密码的加密矩阵. 对每 n 个字母为一组的明文字母，用它对应的值构成一个 n 维列向量 $\boldsymbol{M}$；加密计算的值 $\boldsymbol{B} = \boldsymbol{KM}$，再将 $\boldsymbol{B}$ 的每个分量对模 26 求余得到密文 $\boldsymbol{C}$；解密计算 $\boldsymbol{M}_1 = \boldsymbol{K}^{-1}\boldsymbol{C}$，再将 $\boldsymbol{M}_1$ 的每个分量对模 26 求余得到明文 $\boldsymbol{M}$.

例如 $m = 3$，则该密码系统可以表示为

$$\boldsymbol{B} = \begin{bmatrix} b_1 \\ b_2 \\ b_3 \end{bmatrix} = \begin{bmatrix} k_{11} & k_{12} & k_{13} \\ k_{21} & k_{22} & k_{23} \\ k_{31} & k_{32} & k_{33} \end{bmatrix} \begin{bmatrix} m_1 \\ m_2 \\ m_3 \end{bmatrix} = \boldsymbol{KM}, \quad c_i \equiv b_i \pmod{26}, \quad \boldsymbol{C} = \begin{bmatrix} c_1 \\ c_2 \\ c_3 \end{bmatrix} \text{为密文.}$$

这里 $K=\begin{bmatrix} k_{11} & k_{12} & k_{13} \\ k_{21} & k_{22} & k_{23} \\ k_{31} & k_{32} & k_{33} \end{bmatrix}$ 是可逆方阵,满足$(|K|,26)=1$,即$|K|$是模数 26 的可逆元.

1.6.7 置换密码

代换密码是将明文字母用不同的密文字母代替;置换密码则保持明文的所有字母不变,只是改变明文字母的位置,相当于把 26 个字母重排.置换密码比较简单,经不起已知明文攻击.但把置换密码与代换密码结合,却可以得到效果较好的密码.

经典密码一直使用到 20 世纪 40 年代.第二次世界大战初期,德军方使用"恩尼格玛"密码机后,盟军对德军加密的信息几年都一筹莫展,但经过盟军密码专家的努力,"恩尼格玛"密码机被攻破,盟军掌握了德军的机密,而德军方却不知,这对盟军打败德军提供了有力的支撑.太平洋战争中,美军破译了日本海军的密码,知道了海军司令发给各指挥官的命令,在中途岛彻底击溃了日本海军,取得了太平洋战争的决定性转折.因此可以说,密码学在战争中起着非常重要的作用.经典密码已被证明是不安全的.现代密码学(cryptology)包括密码编码学(cryptography)和密码分析学(cryptanalysis);密码编码学是研究加密的原理与方法,使消息保密;密码分析学则是研究破解密文的原理与方法.对代换密码的分析可参看文献[1,2].

习题 1.6

1. 用仿射密码加密,明文是 chicken,密钥为(h,n),密文为_____;

2. 用维吉尼亚密码加密,明文是 chicken,密钥为 hen,密文为_____;

3. 用费尔南密码加密,明文是 $m=m_1m_2\cdots m_{16}=1001010001110101$,密钥 $k=k_1k_2\cdots k_{10}=1101001101$,密文为_____;

4. 用普莱费尔密码加密,明文是 chicken,密钥为 henpig,加密矩阵为_____,密文为_____;

5. 用希尔密码加密明文 hill,密钥为 $K=\begin{pmatrix} 11 & 8 \\ 3 & 7 \end{pmatrix}$,先写出密文,再由密文解密.恢复明文.

第 2 章

同余式、原根与公钥系统

如果一个密码系统加密和解密密钥相同,则称为对称密码;如果该系统加密和解密密钥不同,则称为非对称密码,非对称密码系统又称为公钥密码系统,简称为公钥系统或公钥.

2.1 背包公钥系统

2.1.1 背包问题

所谓背包问题是这样一个问题:已知长度为 b 的圆柱型背包,还有长度分别为 $a_1,a_2,\cdots,a_n$ 的 n 件物品,这些物品也是圆柱型并且半径和背包内半径相同.要求从 n 件物品中选若干个正好填满背包.

这个问题相当于求解 $x_i \in \{0,1\}, a_i, b \in \mathbf{Z}^+, i=1,2,\cdots,n$,使得
$$a_1 x_1 + a_2 x_2 + \cdots + a_n x_n = b.$$

背包问题是著名的数学难题,至今也没有有效的求解方法,穷举搜索实际上不可能,以 $n=128$ 为例,要搜索 $3.402823669 \times 10^{38}$ 次,以每秒搜索 10^9 次计算,需要 $1.079028307 \times 10^{22}$ 年.

所谓超递增序列 $a_1,a_2,\cdots,a_n$ 是指后面的数比前面数的总和还大,即
$$a_j > \sum_{i=1}^{j-1} a_i, \qquad j=2,3,\cdots,n.$$

若 n 元一次背包不定方程 $a_1 x_1 + a_2 x_2 + \cdots + a_n x_n = b$ 的解 $x_i \in \{0,1\}$,则当 $a_1,a_2,\cdots,a_n$ 为超递增序列时,有快速求解方法.

例 2.1 $2,3,7,14,30,57,120,251$ 是一超递增序列,求解方程
$$2x_1 + 3x_2 + 7x_3 + 14x_4 + 30x_5 + 57x_6 + 120x_7 + 251x_8 = 193.$$

解 因 $251 > 193$,故 $x_8 = 0 \Rightarrow 2x_1 + 3x_2 + 7x_3 + 14x_4 + 30x_5 + 57x_6 + 120x_7 = 193$;

因 $120 < 193$,故 $x_7 = 1 \Rightarrow 2x_1 + 3x_2 + 7x_3 + 14x_4 + 30x_5 + 57x_6 = 73$;

因 $57 < 73$, 故 $x_6 = 1 \Rightarrow 2x_1 + 3x_2 + 7x_3 + 14x_4 + 30x_5 = 16$;

因 $30 > 16$, 故 $x_5 = 0 \Rightarrow 2x_1 + 3x_2 + 7x_3 + 14x_4 = 16$;

因 $14 < 16$, 故 $x_4 = 1 \Rightarrow 2x_1 + 3x_2 + 7x_3 = 2$; 进一步可得 $x_2 = x_3 = 0, x_1 = 1$.

2.1.2 Merkle-Hellman 背包公钥算法

1977 年, Merkle-Hellman 提出了第一个背包公钥系统. 为了描述简洁, 把第一个计算的人称为 Alice, 第二个计算的人称为 Bob, 任务是 Alice 要求 Bob 将信息 m 加密送回. 算法如下:

(1) 密钥生成: Alice 找到超递增序列 $b_1, b_2, \cdots, b_n$, 模 m, 乘数 u, 满足 $(u, m) = 1$, 计算 u 对模 m 的逆 u^{-1}, $ub_i \equiv a_i \pmod{m}$ $(i = 1, 2, \cdots, n)$, 将 $a_1, a_2, \cdots, a_n$ 发给 Bob, 这里 $a_1, a_2, \cdots, a_n$ 是公钥, 可以公开. $b_1, b_2, \cdots, b_n, m$, 乘数 u, u^{-1} 为私钥, 要保密.

(2) 加密: Bob 将信息 m 转化为二进制数并分段, 每段长度 $= n$, 设为 $x_1, x_2, \cdots, x_n, x_i \in \{0, 1\}$, 计算 $a_1 x_1 + a_2 x_2 + \cdots + a_n x_n = c$, 将密文 c 发给 Alice.

(3) 解密: Alice 收到密文 c, 计算 $u^{-1} c \equiv b \pmod{m}$, 求解

$$b_1 x_1 + b_2 x_2 + \cdots + b_n x_n = b,$$

得到明文 $x_1, x_2, \cdots, x_n$.

算法合理性分析:

$$a_1 x_1 + a_2 x_2 + \cdots + a_n x_n = c,$$
$$ub_1 x_1 + ub_2 x_2 + \cdots + ub_n x_n \equiv c \pmod{m},$$
$$b_1 x_1 + b_2 x_2 + \cdots + b_n x_n \equiv u^{-1} c \pmod{m},$$

当这些数都小于模 m 时, 同余一定相等, 因此 $b_1 x_1 + b_2 x_2 + \cdots + b_n x_n = u^{-1} c$, 此方程系数是超递增序列, 可求出明文 $x_1, x_2, \cdots, x_n$.

例 2.2 (1) 密钥生成: Alice 找到超递增序列 $(2, 3, 7, 14, 30, 57, 120, 251)$, 取模 $m = 491 > 2 + 3 + 7 + 14 + 30 + 57 + 120 + 251 = 484$, 乘数 $u = 41$, 满足 $(41, 491) = 1$. 求 $41x \equiv 1 \pmod{491}$ 的解 $u^{-1} = 12$, 计算 $41b_i \equiv a_i \pmod{491}$, $i = 1, 2, \cdots, 8$, 得到公钥 $(a_1, a_2, \cdots, a_8) = (82, 123, 287, 83, 248, 373, 10, 471)$, 发给 Bob;

(2) 加密: Bob 将信息 M 转化为二进制并分段, 每段长度 $= 8$, 设明文为 $M = (10010110)$, 计算 $82 + 83 + 373 + 10 = 548$, 将密文 548 发给 Alice;

(3) 解密方法: Alice 收到 548, 计算 $12 \times 548 \equiv 193 \pmod{491}$, 求解

$$2x_1 + 3x_2 + 7x_3 + 14x_4 + 30x_5 + 57x_6 + 120x_7 + 251x_8 = 193,$$

可得到明文 10010110.

*2.1.3 沙米尔对背包公钥的攻击

背包公钥系统公布两年后,沙米尔(Shamir)给出了一种攻击方法:假设 a_i 的二进制表示都是 200 比特,破解的关键在于如何找到一对所谓陷门 (v, m),使得 $va_i \equiv b_i (\mathrm{mod} m), i = 1, 2, \cdots, n$,若 $b_1, b_2, \cdots, b_n$ 为超递增序列,便可破解该密码. 注意到超递增序列的一项大致是前一项的两倍,可假设

$$b_n < 2^{-1}m, \quad b_{n-1} < 2^{-2}m, \quad \cdots, \quad b_1 < 2^{-n}m.$$

由 $b_1 \equiv va_1 (\mathrm{mod} m)$,考查 $y \equiv a_1 x (\mathrm{mod} m)$,它的图像(如图 2-1 所示)是斜率为 a_1 的小锯齿折线,所以,v 必在某区间

$$\left(\frac{km}{a_1}, \frac{km}{a_1} + \frac{2^{-n}m}{a_1}\right) \Rightarrow km \leqslant va_1 \leqslant km + 2^{-n}m \Rightarrow \frac{k}{a_1} \leqslant \frac{v}{m} \leqslant \frac{k+2^{-n}}{a_1}.$$

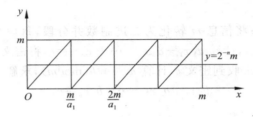

图 2-1 $y \equiv a_1 x (\mathrm{mod} m)$ 的图像

类似地讨论 $b_i \equiv va_i (\mathrm{mod} m)$,可以求出的 $\dfrac{v}{m}$ 是图像 $y \equiv a_i x (\mathrm{mod} m)$ 的极小点的聚点. 通过该方法可以在多项式计算时间内算出 v 和 m.

2.2 RSA 公钥系统

RSA 公钥系统算法是 1977 年由 Rivest, Shamir 和 Adleman 一起提出来的. RSA 是被研究得最广泛的公钥,其算法简洁易懂,易于实现,是广泛应用的优秀的公钥方案之一,从提出到现在经历了各种攻击的考验,只要其密钥足够长,用 RSA 加密的信息实际上是不能被解破的. 但在分布式计算和量子计算机理论日趋成熟的今天,RSA 加密安全性受到了挑战.

2.2.1 RSA 公钥的算法

RSA 的安全性是基于大整数分解的难度,加密算法如下:

Alice 要求 Bob 将信息 m 加密传送回.

（1）密钥生成：Alice 找大素数 p,q，令 $n=pq$，取 $e>1$ 满足，$(e,\varphi(n))=1$，再找 d 使得 $ed\equiv1(\bmod\varphi(n))$，然后 Alice 将 n,e 作为加密密钥（公钥）发送给 Bob，这里 $p,q,d,\varphi(n)$ 是私钥，要求保密，解密用.

（2）加密：Bob 将明文 m 分段使 $m<n$，计算 $m^e\equiv C(\bmod n)$，并将密文 C 传送给 Alice.

（3）解密：Alice 收到后，计算 $C^d\equiv m(\bmod n)$，恢复明文 m.

2.2.2 对 RSA 公钥算法的分析

算法合理性分析

当 $(m,n)=1$ 时，由欧拉定理，$m^{\varphi(n)}\equiv1(\bmod n)$，故 $C^d\equiv(m^e)^d\equiv m^{ed}\equiv m^{\varphi(n)k+1}\equiv m(\bmod n)$；

当 $(m,n)>1$ 时，因 $n=pq$，不妨设 $m=jq,(j,n)=1$，于是 $j^{\varphi(n)}\equiv1(\bmod n)$，故

$$C^d\equiv m^{ed}\equiv m^{\varphi(n)k+1}\equiv(jq)^{\varphi(n)k+1}\equiv jq^{(p-1)(q-1)k+1}(\bmod n),$$

由 $q^{p-1}\equiv1(\bmod p)$ 得 $m^{ed}\equiv jq^{(p-1)(q-1)k+1}(\bmod n)\equiv jq(\bmod p)$，故 $m^{ed}=jq+tp$.
而 $m^{ed}=(jq)^{ed}=(jq)^{ed-1}jq=sq$，故得

$$tp=sq-jq=(s-j)q\Rightarrow q\,|\,t,t=rq\Rightarrow m^{ed}-jq=rqp=rn\Rightarrow m^{ed}\equiv jq\equiv m(\bmod n),$$

故 $C^d\equiv m^{ed}\equiv m(\bmod n)$，即 m 与 n 不互素时也成立.

可行性分析

RSA 的加密解密过程中要计算 $m^e\equiv r(\bmod n)$，当 m,e,n 很大时，直接计算可能出现耗时巨大和溢出，将指数模运算看做多次重复乘法，当出现大于模时则先取模，然后用余数继续运算，可避免溢出同时显著提高运算效率. 使得加密解密可行.

快速求 $m^e(\bmod n)$ 的基本思想就是将 e 表成 2 的幂和.

便于程序设计的快速求 $m^e(\bmod n)$ 算法：

（1）$u\leftarrow e,v\leftarrow m,w\leftarrow1$；

（2）如果 $u=0$，则输出 w 为所求的模 n 的余数；

（3）如果 $2\,|\,u,u\leftarrow(u/2),v\leftarrow(v\cdot v)(\bmod n)$；

（4）$u\leftarrow(u-1),w\leftarrow(w\cdot v)(\bmod n)$，转（2）.

例 2.3 计算 $11^7(\bmod 13)$.

解 $7=1+6=1+2\cdot3=1+2(1+2)=1+2+2^2$.

$11^7=11\times11^6=11\times11^2\cdot(11^2)^2\equiv11\times4\times4^2\equiv11\times4\times3\equiv2(\bmod13)$；

采用上面的程序算法就是：

(1) $u=7, v=11, w=1$；   (2) $u=6, v=11, w=11$；

(3) $u=3, v=4, w=11$；   (4) $u=2, v=4, w=5$；

(5) $u=1, v=3, w=5$；   (6) $u=0, v=3, w=2$.

这时 $u=0, w=2$ 为所求的模 13 的余数.

安全性分析

RSA 的安全性是基于大整数分解，但是对 RSA 的攻击除了分解 n 外，还可以通过试求某数对 n 的指数等方法破解. 故 RSA 的安全性是不超过大整数分解.

公钥算法的特点

(1) 用加密密钥 PK(public key)对明文 m 加密后得到密文，再用解密密钥 SK(secret key)对密文解密，即可恢复出明文 m，$D_{SK}(E_{PK}(m))=m$；

(2) 加密密钥不能用来解密，即 $D_{PK}(E_{PK}(m))\neq m$，$D_{SK}(E_{SK}(m))\neq m$；

(3) 用 SK 加密的信息只能用 PK 解密；用 PK 加密的信息只能用 SK 解密；

(4) 从已知的 PK 不可能推导出 SK；

(5) 加密和解密的运算可对调：$E_{PK}(D_{SK}(m))=m$.

满足(5)的公钥可以用作数字签名.

习题 2. 2

1. 用欧拉定理结合快速幂模运算求解 $9x \equiv 1(\mathrm{mod}37)$.

2. 在 RSA 系统中，若 $p=11, q=13, e=103$. (1)求公钥；(2)求 e 的逆元 d；(3)若明文 $m=3$，求密文 C.

3. 在 RSA 系统中，若公钥为 $n=35, e=5$，密文 $C=10$，求明文 m.

2.3 一次同余式、孙子定理

2.3.1 一次同余式求解

设 $f(x)=a_nx^n+a_{n-1}x^{n-1}+\cdots+a_0$，若 $a_n\not\equiv 0(\mathrm{mod}m)$，则说 $f(x)\equiv 0(\mathrm{mod}m)$ 是 n 次同余式.

对于 $f(x)\equiv 0(\mathrm{mod}m)$，若存在整数 a，使 $f(a)\equiv 0(\mathrm{mod}m)$，则说 a 是 $f(x)\equiv 0(\mathrm{mod}m)$ 的一个解.

若 a 模 m 不同余 0，则

$$ax \equiv b(\bmod m) \tag{2-1}$$

称为一次同余式.

(2-1)式相当于不定方程 $ax+mt=b$,因此(2-1)式有解$\Leftrightarrow (a,m)\mid b$.

可用二元一次不定方程的方法求解.

也可直接求解:若 $ax \equiv b(\bmod m)$ 有解$\Rightarrow (a,m)\mid b$,故可设 $a=a_1(a,m), b=b_1(a,m), m=m_1(a,m)$,消去 $(a,m), ax \equiv b(\bmod m)$ 可化为 $a_1 x \equiv b_1(\bmod m_1)$,且 $(a_1,m_1)=1$,因此 $a_1^{\varphi(m_1)} \equiv 1(\bmod m_1) \Rightarrow x \equiv b_1 a_1^{\varphi(m_1)-1}(\bmod m_1)$ 为解.

2.3.2 孙子定理

中国古代南北朝时期的数学名著《孙子算经》中有如下问题:

今有其物不只其数,三三数之剩二,五五数之剩三,七七数之剩二,问物几何?(答曰二十三).

设物数为 x,则:

$$\begin{cases} x \equiv 2(\bmod 3), \\ x \equiv 3(\bmod 5), \\ x \equiv 2(\bmod 7). \end{cases} \tag{2-2}$$

这是一个一次同余式组,孙子算经给出了一次同余式组的解法.

定理 2.1(孙子定理) 设 $m_1, m_2, \cdots, m_k$ 两两互素,$m=m_1 m_2 \cdots m_k$,则同余式组

$$\begin{cases} x \equiv b_1(\bmod m_1), \\ x \equiv b_2(\bmod m_2), \\ \quad \vdots \\ x \equiv b_k(\bmod m_k) \end{cases} \tag{2-3}$$

有唯一解为

$$x \equiv b_1 M_1' M_1 + b_2 M_2' M_2 + \cdots + b_k M_k' M_k(\bmod m), \tag{2-4}$$

这里 $M_i = \dfrac{m}{m_i}$,M_i' 是 $M_i x \equiv 1(\bmod m_i)$ 的解,$i=1,2,\cdots,k$.

证 设 $x \equiv b_1 M_1' M_1 + b_2 M_2' M_2 + \cdots + b_k M_k' M_k(\bmod m)$,则 $x \equiv b_i M_i' M_i \equiv b_i(\bmod m_i)$,故 x 满足方程(2-3).

设 x,x' 是方程(2-3)的两个解,则 $x \equiv b_i \equiv x'(\bmod m_i)$,$i=1,2,\cdots,k$,故 $m_i \mid x-x'$. 由

$m_1, m_2, \cdots, m_k$ 两两互素$\Rightarrow m=m_1 \cdots m_k \mid (x-x')$,即 $x \equiv x'(\bmod m)$.

孙子定理又称为中国剩余定理.

现在来解开始提出的问题，为了具有一般性，先解下面同余式组：

$$\begin{cases} x \equiv b_1 \pmod 3 \\ x \equiv b_2 \pmod 5 \\ x \equiv b_3 \pmod 7 \end{cases}$$

解 因 $3,5,7$ 两两互素，故可用孙子定理求解，$m = 3 \times 5 \times 7 = 105$.

$M_1 = 5 \times 7 = 35, 35x \equiv 1 \pmod 3$ 的解为 $x \equiv 2 \pmod 3$，因此 $M_1' = 2$;

$M_2 = 3 \times 7 = 21, 21x \equiv 1 \pmod 5$ 的解为 $x \equiv 1 \pmod 5$，因此 $M_2' = 1$;

$M_3 = 3 \times 5 = 15, 15x \equiv 1 \pmod 7$ 的解为 $x \equiv 1 \pmod 7$，因此 $M_3' = 1$;

所以同余式组的解为 $x \equiv 70b_1 + 21b_2 + 15b_3 \pmod{105}$. 由此 (2-2) 的解为

$$x \equiv 70 \times 2 + 21 \times 3 + 15 \times 2 \equiv 23 \pmod{105}.$$

中国古代数学家把该问题求解方法归为一首诗：

三人同行七十稀，

五树梅花廿一枝，

七子团员整半月，

除百零五便得知.

例 2.4（韩信点兵） 有兵一队，若列成五行纵队，则末行一人；若成六行纵队，则末行五人；若成七行纵队，则末行四人；若成十一行纵队，则末行十人. 求兵数.

解 设兵数为 x 人，末行人数分别为 b_1, b_2, b_3, b_4，则有

$$\begin{cases} x \equiv b_1 \pmod 5, \\ x \equiv b_2 \pmod 6, \\ x \equiv b_3 \pmod 7, \\ x \equiv b_4 \pmod{11}. \end{cases}$$

令 $m = 5 \times 6 \times 7 \times 11 = 2310$，则由孙子定理可得

$$M_1 = 6 \times 7 \times 11 = 462, M_1' = 3; \quad M_2 = 5 \times 7 \times 11 = 385, M_2' = 1;$$

$$M_3 = 5 \times 6 \times 11 = 330, M_3' = 1; \quad M_4 = 5 \times 6 \times 7 = 210, M_4' = 1.$$

该同余式组的解为 $x \equiv 462 \times 3b_1 + 385b_2 + 330b_3 + 210b_4 \pmod{2310}$，将 $b_1 = 1$，$b_2 = 5, b_3 = 4, b_4 = 10$ 代入，得所求的解为 $x \equiv 462 \times 3 + 385 \times 5 + 330 \times 4 + 210 \times 10 \equiv 2111 \pmod{2310}$，所以兵数为 2111.

*2.3.3　一般同余式的求解

设 $f(x)$ 是一整系数 n 次多项式，$m = m_1 m_2 \cdots m_k$，其中 $m_1, m_2, \cdots, m_k$ 两两互

素，则求解 $f(x)\equiv0(\bmod m)$，可化为求解

$$f(x)\equiv0(\bmod m_i),\quad i=1,2,\cdots,k.$$

若 $f(x)\equiv0(\bmod m_i)$ 有 T_i 个解 $x\equiv b_{T_i}(\bmod m_i)$，每组取一个合起来就是一个一次同余式组. 可由孙子定理求解各一次同余式组，这样 $f(x)\equiv0(\bmod m)$ 共有 $T_1T_2\cdots T_k$ 个解.

设 m 的标准分解式为 $p_1^{a_1}p_2^{a_2}\cdots p_k^{a_k}$，则 $p_1^{a_1},p_2^{a_2},\cdots,p_k^{a_k}$ 两两互素，因此求解

$$f(x)\equiv0(\bmod m)$$

可归结为求解

$f(x)\equiv0(\bmod p_i^{a_i})$，$i=1,2,\cdots,k$，这里 p_i 是素数，α_i 是正整数.

而 $f(x)\equiv0(\bmod p^a)$ 的求解，就是在 $f(x)\equiv0(\bmod p^{a-1})$ 的解中求解. 最终归结为 $f(x)\equiv0(\bmod p)$ 的求解.

设 p 是素数，则 $x^p\equiv x(\bmod p)\Rightarrow x^p-x\equiv0(\bmod p)$.

$$f(x)=q(x)(x^p-x)+r(x),$$

其中 $\partial(r(x))\leqslant p-1$ 或者 $r(x)=0$，这里 $\partial(r(x))$ 表示 $r(x)$ 的次数. 这样 $f(x)\equiv0(\bmod p)$ 的求解可转化为一个次数低于 p 的同余式 $r(x)\equiv0(\bmod p)$ 的求解.

定理 2.2 设 $x\equiv a(\bmod p)$ 是 $f(x)\equiv0(\bmod p)$ 的一个解，则

$$f(x)\equiv(x-a)f_1(x)(\bmod p).$$

证 设 $f(x)=(x-a)f_1(x)+r$，其中 $\partial(f_1(x))=\partial(f(x))-1$. 将 $x-a\equiv0(\bmod p)$ 代入，得 $r\equiv0(\bmod p)$，所以 $f(x)\equiv(x-a)f_1(x)(\bmod p)$.

这个结论可推广到 $k\leqslant p-1$ 的情形：若 $x\equiv\alpha_i(\bmod p)(i=1,2,\cdots,k)$ 是 $f(x)\equiv0(\bmod p)$ 的解，则

$$f(x)\equiv(x-\alpha_1)(x-\alpha_2)\cdots(x-\alpha_k)f_k(x)(\bmod p).$$

也就是说，同余式的解数不会超过同余式的次数.

定理 2.3 设 $f(x)=x^n+a_{n-1}x^{n-1}+\cdots+a_0$，$n$ 小于素数 p. 而 $x^p-x=f(x)q(x)+r(x)$，则 $f(x)\equiv0(\bmod p)$ 有 n 个解 $\Leftrightarrow r(x)$ 的系数全是 p 的倍数.

证 "$\Rightarrow$" 若 $f(x)\equiv0(\bmod p)$ 有 n 个解 $x_i(i=1,2,\cdots,n)\Rightarrow r(x)\equiv0(\bmod p)$ 而 $\partial(r(x))<p\Rightarrow r(x)$ 的系数全是 p 的倍数.

"$\Leftarrow$" 若 $r(x)$ 的系数全是 p 的倍数，$\partial(f(x))=n$，$\partial(q(x))=p-n$，

$x^p-x\equiv f(x)q(x)\Rightarrow f(x)q(x)\equiv0(\bmod p)$ 有 p 个解

$$\Rightarrow f(x)\equiv0(\bmod p)$$ 有 n 个解.

1. 求解 $3x \equiv 10 \pmod{29}$.

2. 求解同余式组

$$\begin{cases} x \equiv 3 \pmod{5}, \\ x \equiv 2 \pmod{6}, \\ x \equiv 1 \pmod{7}. \end{cases}$$

3. 证明：若 $m_1, m_2, \cdots, m_k$ 两两互素，$m = m_1 m_2 \cdots m_k$，则同余式组

$$\begin{cases} x \equiv b \pmod{m_1}, \\ x \equiv b \pmod{m_2}, \\ \vdots \\ x \equiv b \pmod{m_k} \end{cases}$$

的解为 $x \equiv b \pmod{m}$.

2.4　二次同余式

2.4.1　奇素数模的二次同余式

设 p 为奇素数，$(a, p) = 1$，考查二次同余式 $ax^2 + bx + c \equiv 0 \pmod{p}$.

两边乘以 a，得 $(ax)^2 + bax + ca \equiv 0 \pmod{p}$. 如果 b 是奇数，将上个二次同余式两边加上 pax，则 x 的系数变为偶数 $(p+b)a$，故不妨设 b 为偶数. 再在 $(ax)^2 + bax + ca \equiv 0 \pmod{p}$ 两边加上一次项系数一半的平方，得

$$(ax)^2 + bax + \left(\frac{b}{2}\right)^2 \equiv \left(\frac{b}{2}\right)^2 - ca \pmod{p}, \quad \text{即} \quad \left(ax + \frac{b}{2}\right)^2 \equiv \left(\frac{b}{2}\right)^2 - ca \pmod{p}.$$

令 $y = ax + \dfrac{b}{2}$，$d = \left(\dfrac{b}{2}\right)^2 - ca$，则上个二次同余式化为 $y^2 \equiv d \pmod{p}$. 还是用 x 代替 y，用 a 代替 d，则二次同余式的求解归结为 $x^2 \equiv a \pmod{p}$ 的求解.

2.4.2　欧拉判别条件

定义 2.1　若 $x^2 \equiv a \pmod{p}$ 有解，则称 a 是模 p 的**平方剩余**；若 $x^2 \equiv a \pmod{p}$ 无解，则称 a 是模 p 的**平方非剩余**.

定理 2.4(欧拉判别条件) 设 p 是奇素数,$(a,p)=1$,则:

(1) a 是模 p 的平方剩余 $\Leftrightarrow a^{\frac{p-1}{2}}\equiv 1(\mathrm{mod}\,p)$;

(2) a 是模 p 的平方非剩余 $\Leftrightarrow a^{\frac{p-1}{2}}\equiv -1(\mathrm{mod}\,p)$.

*证 (1) "$\Rightarrow$"设 $x^2\equiv a(\mathrm{mod}\,p)$ 有解 x,$(x,p)=1$,$x^{p-1}\equiv 1(\mathrm{mod}\,p)$. 而 $\frac{p-1}{2}\in \mathbf{Z}$,故 $1\equiv x^{p-1}=(x^2)^{\frac{p-1}{2}}\equiv a^{\frac{p-1}{2}}(\mathrm{mod}\,p)$.

"$\Leftarrow$" $a^{\frac{p-1}{2}}\equiv 1(\mathrm{mod}\,p)\Rightarrow a^{\frac{p-1}{2}}-1\equiv 0(\mathrm{mod}\,p)$.

$$x^p-x=x(x^{p-1}-a^{\frac{p-1}{2}})+x(a^{\frac{p-1}{2}}-1)\Rightarrow x^{p-1}-a^{\frac{p-1}{2}}\equiv 0(\mathrm{mod}\,p),$$
$$x^{p-1}-a^{\frac{p-1}{2}}=(x^2)^{\frac{p-1}{2}}-a^{\frac{p-1}{2}}=(x^2-a)q(x).$$

因为 $x^p-x=x(x^2-a)q(x)\equiv 0(p)$ 有 p 个解,所以 $x^2-a\equiv 0(\mathrm{mod}\,p)$ 恰有两个解.

(2) "$\Rightarrow$"若 a 是模 p 的平方非剩余,因为 $(a,p)=1$,则
$$a^{p-1}-1\equiv 0(\mathrm{mod}\,p)\Rightarrow (a^{\frac{p-1}{2}})^2-1\equiv 0(\mathrm{mod}\,p)\Rightarrow (a^{\frac{p-1}{2}}-1)(a^{\frac{p-1}{2}}+1)\equiv 0(\mathrm{mod}\,p).$$

由(1)知 $a^{\frac{p-1}{2}}\not\equiv 1(\mathrm{mod}\,p)$,因此 $a^{\frac{p-1}{2}}\equiv -1(\mathrm{mod}\,p)$.

"$\Leftarrow$" $a^{\frac{p-1}{2}}\equiv -1(\mathrm{mod}\,p)\Rightarrow a^{\frac{p-1}{2}}\not\equiv 1(\mathrm{mod}\,p)\Rightarrow a$ 是模 p 的平方非剩余.

*定理 2.5 模 p 的简化剩余系中,平方剩余的个数与平方非剩余的个数都是 $\frac{p-1}{2}$,且 $\frac{p-1}{2}$ 个平方剩余分别与 $1^2,2^2,\cdots,\left(\frac{p-1}{2}\right)^2$ 中的一个同余,且仅与一个同余.

证 平方剩余的个数是 $x^{\frac{p-1}{2}}-1\equiv 0(\mathrm{mod}\,p)$ 的解数.

因为 $x^{p-1}-1=(x^{\frac{p-1}{2}}-1)(x^{\frac{p-1}{2}}+1)$,故 $x^p-x=(x^{\frac{p-1}{2}}-1)(x^{\frac{p-1}{2}}+1)x$,所以 $x^{\frac{p-1}{2}}-1\equiv 0(\mathrm{mod}\,p)$ 恰有 $\frac{p-1}{2}$ 个解,平方非剩余的个数为 $p-1-\frac{p-1}{2}=\frac{p-1}{2}$. 又 $1^2,2^2,\cdots,\left(\frac{p-1}{2}\right)^2$ 是 $\frac{p-1}{2}$ 个平方剩余且互不同余,事实上
$$j^2\equiv k^2(\mathrm{mod}\,p)\Rightarrow (j+k)(j-k)\equiv 0(\mathrm{mod}\,p).$$

若 $j+k\equiv 0(\mathrm{mod}\,p)\Rightarrow j=p-k\geqslant p-\frac{p-1}{2}=\frac{p+1}{2}$,矛盾. 因此 $j\equiv k(\mathrm{mod}\,p)\Rightarrow j=k$.

一共有 $\frac{p-1}{2}$ 个平方剩余,而 $1^2,2^2,\cdots,\left(\frac{p-1}{2}\right)^2$ 是 $\frac{p-1}{2}$ 个互不同余的平方剩余,所以若 a 是平方剩余,则 a 与且只与 $1^2,2^2,\cdots,\left(\frac{p-1}{2}\right)^2$ 中的一个同余.

*2.4.3 勒让德符号

欧拉判别条件虽然给出了平方剩余判别的充要条件,但是勒让德(Legendre)符号使得判别的计算更加简便和快捷.

定义 2.2 设 p 是奇素数,对一切整数 a,规定

$$\left(\frac{a}{p}\right)=\begin{cases}1, & a \text{ 是模 } p \text{ 的平方剩余},\\ -1, & a \text{ 是模 } p \text{ 的非平方剩余},\\ 0, & p\,|\,a,\end{cases}$$

称 $\left(\dfrac{a}{p}\right)$ 为 a 对 p 的**勒让德符号**.

勒让德符号具有下列一些基本性质:

(1) $\left(\dfrac{a}{p}\right)\equiv a^{\frac{p-1}{2}}\,(\bmod p)$.

证 若 $(a,p)=1$,由欧拉判别条件,有 $\left(\dfrac{a}{p}\right)\equiv a^{\frac{p-1}{2}}\,(\bmod p)$;若 $p\,|\,a$,则 $a^{\frac{p-1}{2}}\equiv 0\,(\bmod p)$,上式也成立.

(2) $\left(\dfrac{1}{p}\right)=1$.

(3) $\left(\dfrac{-1}{p}\right)=(-1)^{\frac{p-1}{2}}=\begin{cases}1, & p=4m+1,\\ -1, & p=4m+3.\end{cases}$

(4) 若 $a\equiv b\,(\bmod p)$,则 $\left(\dfrac{a}{p}\right)=\left(\dfrac{b}{p}\right)$.

证 因为 $a\equiv b\,(\bmod p)$,p 是奇素数,所以 $a^{\frac{p-1}{2}}\equiv b^{\frac{p-1}{2}}\,(\bmod p)$,又 $\left(\dfrac{a}{p}\right)\equiv a^{\frac{p-1}{2}}\,(\bmod p)$,$\left(\dfrac{b}{p}\right)\equiv b^{\frac{p-1}{2}}\,(\bmod p)$,所以 $\left(\dfrac{a}{p}\right)=\left(\dfrac{b}{p}\right)$.

(5) $\left(\dfrac{a_1 a_2 \cdots a_n}{p}\right)=\left(\dfrac{a_1}{p}\right)\left(\dfrac{a_2}{p}\right)\cdots\left(\dfrac{a_n}{p}\right)$.

证 $\left(\dfrac{a_1 a_2 \cdots a_n}{p}\right)\equiv (a_1 a_2 \cdots a_n)^{\frac{p-1}{2}}\,(\bmod p)$,

$$a_1^{\frac{p-1}{2}} a_2^{\frac{p-1}{2}} \cdots a_n^{\frac{p-1}{2}}\equiv\left(\dfrac{a_1}{p}\right)\left(\dfrac{a_2}{p}\right)\cdots\left(\dfrac{a_n}{p}\right).$$

而 $(a_1 a_2 \cdots a_n)^{\frac{p-1}{2}}\equiv a_1^{\frac{p-1}{2}} a_2^{\frac{p-1}{2}} \cdots a_n^{\frac{p-1}{2}}\,(\bmod p)$,因此

$$\left(\dfrac{a_1 a_2 \cdots a_n}{p}\right)=\left(\dfrac{a_1}{p}\right)\left(\dfrac{a_2}{p}\right)\cdots\left(\dfrac{a_n}{p}\right).$$

特别地,若 $(b,p)=1$,则 $\left(\dfrac{ab^2}{p}\right)=\left(\dfrac{a}{p}\right)$.

引理 2.1(高斯引理) 设 $(a,p)=1$,对于 $k=1,2,\cdots,\dfrac{p-1}{2}$,$ak$ 模 p 的最小非负剩余为 r_k,若 r_k 中大于 $\dfrac{p}{2}$ 的个数为 m,则 $\left(\dfrac{a}{p}\right)=(-1)^m$.

证 记 r_k 中小于 $\dfrac{p}{2}$ 的 t 个数为 a_k,大于 $\dfrac{p}{2}$ 的为 b_k,则

$$a^{\frac{p-1}{2}}\left(\frac{p-1}{2}\right)! \equiv \prod_{k=1}^{\frac{p-1}{2}} ak \equiv \prod_{i=1}^{t} a_i \prod_{j=1}^{m} b_j \pmod{p}.$$

由 $\dfrac{p}{2}<b_j<p$,得 $1\leqslant p-b_j<\dfrac{p}{2}$,因此 $p-b_j\neq a_i$,否则 $a_i+b_j=p$,即有 k_1,k_2,使得 $ak_1+ak_2\equiv 0\pmod{p}$,由此 $k_1+k_2\equiv 0\pmod{p}$,与 $k_1+k_2<p$ 矛盾. 再由 $t+m=\dfrac{p-1}{2}$,得

$$a^{\frac{p-1}{2}}\left(\frac{p-1}{2}\right)! \equiv (-1)^m \prod_{i=1}^{t} a_i \prod_{j=1}^{m} (p-b_j) \equiv (-1)^m \left(\frac{p-1}{2}\right)! \pmod{p},$$

消去 $\left(\dfrac{p-1}{2}\right)!$,得 $\left(\dfrac{a}{p}\right)\equiv a^{\frac{p-1}{2}}\equiv (-1)^m \pmod{p}$,所以 $\left(\dfrac{a}{p}\right)=(-1)^m$.

定理 2.6 $\left(\dfrac{2}{p}\right)=(-1)^{\frac{p^2-1}{8}}$,由此可得:

$$\begin{cases} \text{当 } p=8h\pm 1 \text{ 时,} & 2 \text{ 是模 } p \text{ 的平方剩余;} \\ \text{当 } p=8h\pm 3 \text{ 时,} & 2 \text{ 是模 } p \text{ 的平方非剩余.} \end{cases}$$

*证 各符号意义同引理 2.1. 设 $ak=p\left[\dfrac{ak}{p}\right]+r_k$,其中 $r_k<p$,则 $a\displaystyle\sum_{k=1}^{\frac{p-1}{2}} k =$

$p\displaystyle\sum_{k=1}^{\frac{p-1}{2}} \left[\frac{ak}{p}\right]+\sum_{k=1}^{\frac{p-1}{2}} r_k$,而 $\displaystyle\sum_{k=1}^{\frac{p-1}{2}} k = \frac{p^2-1}{8}$,故

$$a\,\frac{p^2-1}{8} = p\sum_{k=1}^{\frac{p-1}{2}} \left[\frac{ak}{p}\right]+\sum_{i=1}^{t} a_i + \sum_{j=1}^{m} b_j$$

$$= p\sum_{k=1}^{\frac{p-1}{2}} \left[\frac{ak}{p}\right]+\sum_{i=1}^{t} a_i + \sum_{j=1}^{m} (p-b_j) + 2\sum_{j=1}^{m} b_j - mp$$

$$= p\sum_{k=1}^{\frac{p-1}{2}} \left[\frac{ak}{p}\right]+\sum_{k=1}^{\frac{p-1}{2}} k - mp + 2\sum_{j=1}^{m} b_j$$

$$= p \sum_{k=1}^{\frac{p-1}{2}} \left[\frac{ak}{p}\right] + \frac{p^2-1}{8} - mp + 2\sum_{j=1}^{m} b_j,$$

$$(a-1)\frac{p^2-1}{8} \equiv \sum_{k=1}^{\frac{p-1}{2}} \left[\frac{ak}{p}\right] + m \pmod{2}.$$

当 $a=2, k=1,2,\cdots,\dfrac{p-1}{2}$ 时，$\left[\dfrac{ak}{p}\right]=\left[\dfrac{2k}{p}\right]=0$，故得 $\dfrac{p^2-1}{8}\equiv m \pmod{2}$. 由引理 2.1，得

$$\left(\frac{2}{p}\right) = (-1)^{\frac{p^2-1}{8}},$$

而　　$(-1)^{\frac{p^2-1}{8}} = \begin{cases} (-1)^{\frac{(8h\pm 1)^2-1}{8}} = (-1)^{2(4h^2\pm h)} = 1, & p = 8h\pm 1, \\ (-1)^{\frac{(8h\pm 3)^2-1}{8}} = (-1)^{2(4h^2\pm h)+1} = -1, & p = 8h\pm 3. \end{cases}$

推论 2.1　若 a 是奇数，$(a,p)=1$，$\left(\dfrac{a}{p}\right) = (-1)^{\sum\limits_{k=1}^{\frac{p-1}{2}}\left[\frac{ak}{p}\right]}$.

证　直接由定理 2.5 的证明可得.

定理 2.7（二次反转公式）　设 p,q 是奇素数，$(p,q)=1$，则

$$\left(\frac{q}{p}\right) = (-1)^{\frac{p-1}{2}\cdot\frac{q-1}{2}}\left(\frac{p}{q}\right).$$

证　由推论 2.1，得 $\left(\dfrac{q}{p}\right) = (-1)^{\sum\limits_{s=1}^{\frac{p-1}{2}}\left[\frac{sq}{p}\right]}$，$\left(\dfrac{p}{q}\right) = (-1)^{\sum\limits_{k=1}^{\frac{q-1}{2}}\left[\frac{kp}{q}\right]}$，只需证明

$$\sum_{s=1}^{\frac{p-1}{2}}\left[\frac{sq}{p}\right] + \sum_{k=1}^{\frac{q-1}{2}}\left[\frac{kp}{q}\right] = \frac{p-1}{2}\cdot\frac{q-1}{2}.$$

如图 2-2，矩形 $OABC$ 四点坐标为 $O(0,0)$，$A\left(\dfrac{p-1}{2},0\right)$，$B\left(\dfrac{p-1}{2},\dfrac{q-1}{2}\right)$，$C\left(0,\dfrac{q-1}{2}\right)$，两个坐标都为正整数的点称为整点，该矩形内整点数为 $\dfrac{p-1}{2}\cdot\dfrac{q-1}{2}$，由于 $(p,q)=1$，在矩形 $OABC$ 的一条对角线 OD：$y=\dfrac{q}{p}x$ 上没有整点，直线 $y=\dfrac{q}{p}x$ 把矩形 $OABC$ 分成上下两部分，矩形内直线下方的整点数就是 x 从 1 到 $\dfrac{p-1}{2}$ 的直线下方竖线的整点数之和，例如粗线上整点数就是 $\left[\dfrac{sq}{p}\right]$ 个，一共有 $\sum\limits_{s=1}^{\frac{p-1}{2}}\left[\dfrac{sq}{p}\right]$ 个.

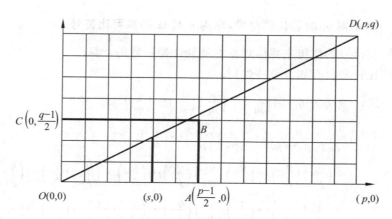

图 2-2 整点数示例

同理可证,矩形 $OABC$ 内直线上方的整点数一共有 $\sum\limits_{k=1}^{\frac{q-1}{2}}\left[\dfrac{pk}{q}\right]$ 个. 因此

$$\sum_{s=1}^{\frac{p-1}{2}}\left[\frac{sq}{p}\right]+\sum_{k=1}^{\frac{q-1}{2}}\left[\frac{kp}{q}\right]=\frac{p-1}{2}\cdot\frac{q-1}{2}.$$

例 2.5 563 是奇素数,判断 $x^2\equiv286(\mathrm{mod}563)$ 是否有解?

解 563 是奇素数,$286=2\times13\times11$,于是

$\left(\dfrac{286}{563}\right)=\left(\dfrac{2}{563}\right)\left(\dfrac{11}{563}\right)\left(\dfrac{13}{563}\right)$. 因为 $563=8\times70+3$,故由定理 2.6 得 $\left(\dfrac{2}{563}\right)=-1$.

由定理 2.7 可得

$$\left(\frac{11}{563}\right)=(-1)^{\frac{11-1}{2}\cdot\frac{563-1}{2}}\left(\frac{563}{11}\right)=-\left(\frac{2}{11}\right)=1,$$

$$\left(\frac{13}{563}\right)=(-1)^{\frac{13-1}{2}\cdot\frac{563-1}{2}}\left(\frac{563}{13}\right)=\left(\frac{563}{13}\right)=\left(\frac{4}{13}\right)=\left(\frac{2}{13}\right)^2=1.$$

于是 $\left(\dfrac{286}{563}\right)=(-1)\times1\times1=-1$,所以 $x^2\equiv286(\mathrm{mod}563)$ 无解.

*2.4.4 雅可比符号

定义 2.3 设 m 是奇数,$m=p_1p_2\cdots p_r$,其中 $p_i(i=1,2,\cdots,r)$ 是奇素数,规定

$$\left(\frac{a}{m}\right)=\left(\frac{a}{p_1}\right)\left(\frac{a}{p_2}\right)\cdots\left(\frac{a}{p_r}\right),$$

这里 $\left(\dfrac{a}{p_i}\right)$ 是 a 对 m 的勒让德符号，称为 a 对 m 的 **雅可比符号**.

雅可比符号的作用主要体现在方便勒让德符号的计算.

雅可比符号具有如下一些性质.

(1) 若 $a=q_1 q_2 \cdots q_s$，则 $\left(\dfrac{a}{m}\right)=\left(\dfrac{q_1}{m}\right)\left(\dfrac{q_2}{m}\right)\cdots\left(\dfrac{q_s}{m}\right)$.

证 $\left(\dfrac{a}{m}\right)=\left(\dfrac{a}{p_1 p_2 \cdots p_r}\right)=\left(\dfrac{a}{p_1}\right)\left(\dfrac{a}{p_2}\right)\cdots\left(\dfrac{a}{p_r}\right)$

$$=\left(\dfrac{q_1}{p_1}\right)\left(\dfrac{q_2}{p_1}\right)\cdots\left(\dfrac{q_s}{p_1}\right)\left(\dfrac{q_1}{p_2}\right)\left(\dfrac{q_2}{p_2}\right)\cdots\left(\dfrac{q_s}{p_2}\right)\cdots\left(\dfrac{q_1}{p_r}\right)\left(\dfrac{q_2}{p_r}\right)\cdots\left(\dfrac{q_s}{p_r}\right)$$

$$=\left(\dfrac{q_1}{p_1}\right)\left(\dfrac{q_1}{p_2}\right)\cdots\left(\dfrac{q_1}{p_r}\right)\left(\dfrac{q_2}{p_1}\right)\left(\dfrac{q_2}{p_2}\right)\cdots\left(\dfrac{q_2}{p_r}\right)\cdots\left(\dfrac{q_s}{p_1}\right)\left(\dfrac{q_s}{p_2}\right)\cdots\left(\dfrac{q_s}{p_r}\right)$$

$$=\left(\dfrac{q_1}{m}\right)\left(\dfrac{q_2}{m}\right)\cdots\left(\dfrac{q_s}{m}\right).$$

(2) $\left(\dfrac{1}{m}\right)=1$.

(3) 若 $a\equiv b(\bmod m)$，则 $\left(\dfrac{a}{m}\right)=\left(\dfrac{b}{m}\right)$.

证 因 $a\equiv b(\bmod m)$，则 $a\equiv b(\bmod p_i)$，故 $\left(\dfrac{a}{p_i}\right)=\left(\dfrac{b}{p_i}\right)$，$i=1,2,\cdots,r$，于是

$$\left(\dfrac{a}{m}\right)=\left(\dfrac{a}{p_1}\right)\left(\dfrac{a}{p_2}\right)\cdots\left(\dfrac{a}{p_r}\right)=\left(\dfrac{b}{p_1}\right)\left(\dfrac{b}{p_2}\right)\cdots\left(\dfrac{b}{p_r}\right)=\left(\dfrac{b}{m}\right).$$

(4) $\left(\dfrac{-1}{m}\right)=(-1)^{\frac{m-1}{2}}$.

证 $\dfrac{m-1}{2}=\dfrac{p_1 p_2 \cdots p_r-1}{2}$

$$=\dfrac{\left(1+2\dfrac{p_1-1}{2}\right)\left(1+2\dfrac{p_2-1}{2}\right)\cdots\left(1+2\dfrac{p_r-1}{2}\right)-1}{2}.$$

当乘积展开式中非 1 的项大于 1 个时，至少包含两个 $2\dfrac{p_i-1}{2}$ 的项，因此有

$$\dfrac{m-1}{2}=\dfrac{p_1 p_2 \cdots p_r-1}{2}=\dfrac{p_1-1}{2}+\dfrac{p_2-1}{2}+\cdots+\dfrac{p_r-1}{2}+2N,N\in\mathbf{Z}，所以$$

$$\left(\dfrac{-1}{m}\right)=\left(\dfrac{-1}{p_1}\right)\left(\dfrac{-1}{p_2}\right)\cdots\left(\dfrac{-1}{p_r}\right)=(-1)^{\frac{p_1-1}{2}+\frac{p_2-1}{2}+\cdots+\frac{p_r-1}{2}}=(-1)^{\frac{m-1}{2}}.$$

(5) $\left(\dfrac{2}{m}\right)=(-1)^{\frac{m^2-1}{8}}$.

证 $\dfrac{m^2-1}{8}=\dfrac{p_1^2p_2^2\cdots p_r^2-1}{8}$

$$=\dfrac{\left(1+8\dfrac{p_1^2-1}{8}\right)\left(1+8\dfrac{p_2^2-1}{8}\right)\cdots\left(1+8\dfrac{p_r^2-1}{8}\right)-1}{8}$$

$$=\dfrac{p_1^2-1}{8}+\dfrac{p_2^2-1}{8}+\cdots+\dfrac{p_r^2-1}{8}+2N_1,\quad N_1\in\mathbf{Z},$$

$$\left(\dfrac{2}{m}\right)=\left(\dfrac{2}{p_1}\right)\left(\dfrac{2}{p_2}\right)\cdots\left(\dfrac{2}{p_r}\right)=(-1)^{\frac{p_1^2-1}{8}+\frac{p_2^2-1}{8}+\cdots+\frac{p_r^2-1}{8}}=(-1)^{\frac{m^2-1}{8}}.$$

(6) 设 n,m 是奇数,则 $\left(\dfrac{n}{m}\right)=(-1)^{\frac{n-1}{2}\cdot\frac{m-1}{2}}\left(\dfrac{m}{n}\right)$.

进一步,当 $(n,m)=1,m,n$ 中有一个为 $4m+1$ 型时,$\left(\dfrac{n}{m}\right)=\left(\dfrac{m}{n}\right)$,$m,n$ 中两个都为 $4m+1$ 型时,$\left(\dfrac{n}{m}\right)=-\left(\dfrac{m}{n}\right)$.

证 若 $(n,m)>1$,则 $\left(\dfrac{n}{m}\right)=\left(\dfrac{m}{n}\right)=0$,结论成立.

若 $(n,m)=1$,设 $n=q_1q_2\cdots q_s$,则

$$\left(\dfrac{n}{m}\right)=\prod_{i=1}^r\left(\dfrac{n}{p_i}\right)=\prod_{j=1}^s\prod_{i=1}^r\left(\dfrac{q_j}{p_i}\right)=\prod_{j=1}^s\prod_{i=1}^r(-1)^{\frac{p_i-1}{2}\cdot\frac{q_j-1}{2}}\left(\dfrac{p_i}{q_j}\right)$$

$$=\prod_{i=1}^r(-1)^{\frac{p_i-1}{2}\cdot\sum_{j=1}^s\frac{q_j-1}{2}}\left(\dfrac{p_i}{q_j}\right)=\prod_{i=1}^r(-1)^{\frac{p_i-1}{2}\cdot\frac{m-1}{2}}\prod_{j=1}^s\left(\dfrac{p_i}{q_j}\right)$$

$$=(-1)^{\sum_{i=1}^r\frac{p_i-1}{2}\cdot\frac{m-1}{2}}\prod_{i=1}^r\prod_{j=1}^s\left(\dfrac{p_i}{q_j}\right)=(-1)^{\frac{n-1}{2}\cdot\frac{m-1}{2}}\prod_{i=1}^r\prod_{j=1}^s\left(\dfrac{p_i}{q_j}\right)$$

$$=(-1)^{\frac{n-1}{2}\cdot\frac{m-1}{2}}\left(\dfrac{m}{n}\right).$$

雅可比符号的好处就在于它具有勒让德符号一样的性质和公式,且当 $r=1$ 时,就是勒让德符号.

例 2.6 判断 $x^2\equiv308(\mathrm{mod}563)$ 是否有解?

解 因为 $308=4\times77$,故

$$\left(\dfrac{308}{563}\right)=\left(\dfrac{2^2}{563}\right)\left(\dfrac{77}{563}\right)\cdot\left(\dfrac{2^2}{563}\right)=\left(\dfrac{2}{563}\right)\cdot\left(\dfrac{2}{563}\right)=1.$$

不必再对 77 分解,可直接反转.

$$\left(\dfrac{77}{563}\right)=(-1)^{\frac{77-1}{2}\cdot\frac{563-1}{2}}\left(\dfrac{563}{77}\right)=\left(\dfrac{563}{77}\right)=\left(\dfrac{24}{77}\right)$$

$$= \left(\frac{8}{77}\right)\left(\frac{3}{77}\right) = \left(\frac{2}{77}\right)\left(\frac{77}{3}\right) = \left(\frac{2}{77}\right)\left(\frac{2}{3}\right) = (-1) \cdot (-1) = 1.$$

从而 $\left(\frac{308}{563}\right) = \left(\frac{2^2}{563}\right)\left(\frac{77}{563}\right) = 1$，故 $x^2 \equiv 308(\bmod 563)$ 有解.

可以看出，利用雅可比符号反转计算更加方便.

注意，当 m 为合数时，由 $\left(\frac{a}{m}\right) = -1$，可以得到 $x^2 \equiv a(\bmod m)$ 无解. 但是，$\left(\frac{a}{m}\right) = 1$，不表示 $x^2 \equiv a(\bmod m)$ 有解. 例如 $\left(\frac{2}{3}\right) = -1$，即 $x^2 \equiv 2(\bmod 3)$ 无解. 而 $\left(\frac{2}{9}\right) = \left(\frac{2}{3}\right)\left(\frac{2}{3}\right) = 1$，若 $x^2 \equiv 2(\bmod 9)$ 有解 $\Rightarrow x^2 \equiv 2(\bmod 3)$ 有解，矛盾.

利用雅可比符号判断正整数 n 的素性的 Solovay-Strassen 算法的伪代码如下：

随机选取 $a, 0 < a < n, x \leftarrow \left(\frac{a}{n}\right)$.

if $x = 0$

then return("n is a composite")

$y \leftarrow a^{\frac{n-1}{2}}(\bmod n)$

if $x \equiv y(\bmod n)$

then return("n is a prime")

else return("n is a composite")

该程序运行一次判定素性错误的概率为 $\frac{1}{2}$，运行 m 次错误的概率为 $\frac{\ln-2}{\ln-2+2^{m+1}}$. 当 $m = 100$ 时，错误的概率仅为 0.139×10^{-27}.

习题 2.4

已知 563 是素数，判断 $x^2 \equiv 429(\bmod 563)$ 是否有解?.

2.5　拉宾公钥系统

2.5.1　平方剩余的求解

设 p 是奇素数，下面讨论 $x^2 \equiv a(\bmod p)$ 有解时，求解的方法.

例 2.7 设 $x^2 \equiv a \pmod{p}$ 有解,而 $p = 4k + 3$,则

$$1 \equiv a^{\frac{p-1}{2}} \equiv a^{\frac{4k+3-1}{2}} \equiv a^{2k+1} \pmod{p} \Rightarrow (a^{k+1})^2 \equiv a \pmod{p},$$

故 $x \equiv \pm a^{k+1} \pmod{p}$ 为解.

由例 2.6 知 $x^2 \equiv 308 \pmod{563}$ 有解,而 $563 = 4 \times 140 + 3$,则 $x \equiv \pm 308^{141} \pmod{563}$ 为解.

例 2.8 设 $x^2 \equiv a \pmod{p}$ 有解,$p = 8k + 5$,则

$$1 \equiv a^{\frac{p-1}{2}} \equiv a^{\frac{8k+5-1}{2}} \equiv a^{4k+2} \equiv (a^{2k+1})^2 \pmod{p},$$

故 $(a^{2k+1} + 1)(a^{2k+1} - 1) \equiv 0 \pmod{p}$.

若 $(a^{2k+1} - 1) \equiv 0 \pmod{p} \Rightarrow (a^{k+1})^2 \equiv a \pmod{p}$,即 $x \equiv \pm a^{k+1} \pmod{p}$ 为解;

若 $(a^{2k+1} + 1) \equiv 0 \pmod{p} \Rightarrow a^{2k+1} \equiv -1 \pmod{p}$,2 是模 p 的平方非剩余,即 $2^{4k+2} \equiv -1 \pmod{p}$,于是 $2^{4k+2} a^{2k+1} \equiv 1 \pmod{p}$,故 $(2^{2k+1} a^{k+1})^2 \equiv a \pmod{p}$,所以 $x \equiv \pm 2^{2k+1} a^{k+1} \pmod{p}$ 为解.

2.5.2 拉宾公钥的算法

Alice 要求 Bob 将信息 m 加密传送回.

(1) 密钥生成:Alice 找到大素数 p, q,令 $n = pq$,然后将 n 作为公钥发送给 Bob,这里 p, q 是私钥,解密用.

(2) 加密:Bob 将明文 m 分段使 $m < n$,计算 $m^2 \equiv C \pmod{n}$,并将密文 C 传送给 Alice.

(3) 解密:Alice 收到后,求解 $x^2 \equiv C \pmod{p}$,$x^2 \equiv C \pmod{q}$,得到解 $x \equiv \pm b_1 \pmod{p}$,$x \equiv \pm b_2 \pmod{q}$,然后用孙子定理求得 4 个解,其中之一为明文 m.

可以通过预先约定字符来确定 m.

拉宾(Rabin)公钥系统的安全性等价于大整数分解.

习题 2.5

1. 已知 211 是素数,判断 $x^2 \equiv 182 \pmod{211}$ 是否有解? 有解时求解.

2. 拉宾公钥密码中,若 $n = 209$,明文 $m = 102$,求密文.

3. 拉宾公钥密码中,若 $n = 11 \times 19$,密文 $C = 163$,求明文.

2.6 原根、指数及 ElGamal 公钥系统

2.6.1 原根与指数

定义 2.4 设 $m>1,(a,m)=1$,则 $a^{\varphi(m)}\equiv1\pmod m$,一定有最小的正整数 t,使得 $a^t\equiv1\pmod m$,t 称为 a 对模 m 的指数,记作 $E(a,m)$,$1\leqslant t\leqslant\varphi(m)$;若 $t=\varphi(m)$,则 a 称为模 m 的一个原根.

定理 2.8 $t=E(a,m)$,则 $a^0,a^1,\cdots,a^{t-1}$ 对模 m 两两不同余.

证 设 $a^i\equiv a^j\pmod m$,$0\leqslant i\leqslant j<t$,则 $a^{j-i}\equiv1\pmod m\Rightarrow j-i=0$,即 $j=i$.

定理 2.9 若 a 对模 m 的指数为 t,且 $a^k\equiv1\pmod m$,则 $t|k$.

证 设 $k=tq+r$,$0\leqslant r<t$,则 $1\equiv a^k\equiv a^{tq+r}\equiv(a^t)^q a^r\equiv a^r\pmod m$,故 $r=0$,即 $t|k$.

例 2.9 求 $2,3,5$ 对模 7 的指数,并找出其中的原根.

解 $\varphi(7)=6$,

因 $2^3\equiv1\pmod 7$,而 $3<6$,故 2 不是模 7 的原根;

因 $3^2\equiv2\pmod 7$,$3^3\equiv6\equiv-1\pmod 7$,$3^6\equiv1\pmod 7$,所以 3 是模 7 的原根;

因 $5^2\equiv4\pmod 7$,$5^3\equiv6\equiv-1\pmod 7$,$5^6\equiv1\pmod 7$,所以 5 也是模 7 的原根.

定理 2.10 若 $E(a,m)=\alpha\beta$,则 $E(a^\alpha,m)=\beta$.

证 因 $(a,m)=1$,则 $(a^\alpha,m)=1$.设 $E(a^\alpha,m)=\delta$,则 $a^{\alpha\delta}\equiv(a^\alpha)^\delta\equiv1\pmod m\Rightarrow\alpha\beta|\alpha\delta\Rightarrow\beta|\delta$.又 $(a^\alpha)^\beta\equiv a^{\alpha\beta}\equiv1\pmod m\Rightarrow\delta|\beta$,所以 $\delta=\beta$.

定理 2.11 设 $E(a,m)=\alpha$,$E(b,m)=\beta$,$(\alpha,\beta)=1$,则 $E(ab,m)=\alpha\beta$.

证 因 $(a,m)=1$,$(b,m)=1$,则 $(ab,m)=1$.设 $E(ab,m)=\delta$.

因 $(ab)^{\alpha\beta}\equiv(a^\alpha)^\beta(b^\beta)^\alpha\equiv1\pmod m$,所以 $\delta|\alpha\beta$.

因 $1\equiv(ab)^{\delta\alpha}\equiv(a^\alpha)^\delta(b^\alpha)^\delta\equiv b^{\alpha\delta}\pmod m$,则 $\beta|\alpha\delta$.又 $(\alpha,\beta)=1$,所以 $\beta|\delta$.同理可得 $\alpha|\delta$.因 $(\alpha,\beta)=1\Rightarrow\alpha\beta|\delta\Rightarrow\delta=\alpha\beta$,即 $E(ab,m)=\alpha\beta$.

定理 2.12 若 p 是奇素数,则存在模 p 的原根.

*证 在模 p 的简化剩余系 $1,2,\cdots,p-1$ 中,每一整数都存在对模 p 的指数,从这 $p-1$ 个指数中取出所有不同的指数,记为 $\beta_1,\beta_2,\cdots,\beta_r$.令 $s=[\beta_1,\beta_2,\cdots,\beta_r]$,$s$ 的标准分解式为 $s=q_1^{a_1}q_2^{a_2}\cdots q_k^{a_k}$,因为 s 是 $\beta_1,\beta_2,\cdots,\beta_r$ 的最小公倍数,则对每一 $i\in\{1,2,\cdots,k\}$,存在某个 j,使得 $\beta_j=uq_i^{a_i}$.设 $E(x_i,p)=uq_i^{a_i}$,由定理 2.9,$E(x_i^u,p)=q_i^{a_i}$.令 $g=x_1^{a_1}x_2^{a_2}\cdots x_k^{a_k}$,由定理 2.10,$E(g,p)=s$,由定理 2.8,$s|p-1$,即

$g^{p-1}-1\equiv0(\mathrm{mod}p)$,但 $\beta_1,\beta_2,\cdots,\beta_r$ 是 $1,2,\cdots,p-1$ 的所有不同指数,由定理 2.2,$p-1\leqslant s$,故 $s=p-1$,即 $E(g,p)=p-1$.

可以证明[3],若 p 是奇素数,则当 m 是 $2,4,p^a,2p^a$ 中四者之一时,模 m 的原根存在.

*定理 2.13 设 p 是奇素数,$p-1$ 的不同素因数为 $q_1,q_2,\cdots,q_k$,$(g,p)=1$,则 g 是模 m 的一个原根 $\Leftrightarrow g^{\frac{p-1}{q_i}}\not\equiv1(\mathrm{mod}p)(i=1,2,\cdots,k)$.

证 "$\Rightarrow$"$E(g,p)=p-1,0<\dfrac{p-1}{q_i}<p-1\Rightarrow g^{\frac{p-1}{q_i}}\not\equiv1(\mathrm{mod}p)$.

"$\Leftarrow$"设对于 q_i,$g^{\frac{p-1}{q_i}}\not\equiv1(\mathrm{mod}p)$,$i=1,2,\cdots,k$,且 $E(g,p)=\delta<p-1$.

$\delta\mid(p-1)\Rightarrow p-1=\delta uq_i\Rightarrow\dfrac{p-1}{q_iu}=\delta$,则 $1\equiv g^{\delta u}\equiv g^{\frac{p-1}{q_i}}\not\equiv1(\mathrm{mod}p)$,矛盾.

2.6.2 ElGamal 公钥的算法

给定正整数 a,b,m,$(a,m)=1$,满足 $a^x\equiv b(\mathrm{mod}m)$ 的正整数 x 称为**离散对数**.一般 m 取素数 p,当 p 很大时,已知 a,b,p,求 x 使 $a^x\equiv b(\mathrm{mod}p)$ 非常困难.

1985 年 ElGmail(盖莫尔)基于求解离散对数的困难构造了一个公钥方案如下:

Alice 要求 Bob 将信息 m 加密送回.

(1) 密钥生成:Alice 找大素数 p,p 的原根 a 和正整数 $X_A\leqslant p$,计算 $h_A\equiv a^{X_A}(\mathrm{mod}p)$,Alice 将 p,a,h_A 作为公钥传给 Bob,这里 X_A,是私钥,留作解密用;

(2) 加密:Bob 收到后将信息分段,使得 $m<p$,随机取 $k\in\{1,2,\cdots,p-1\}$,计算 $u\equiv a^k(\mathrm{mod}p)$,$v\equiv h_A^k m(\mathrm{mod}p)$,将密文 (u,v) 传送给 Alice;

(3) 解密:Alice 收到 (u,v) 后,计算 $vu^{-X_A}\equiv h_A^k m(a^k)^{-X_A}\equiv(a^{X_A})^k m(a^k)^{-X_A}\equiv m(\mathrm{mod}p)$,恢复明文 m,这里 $-X_A$ 实际计算时用 $p-1-X_A$ 代替.

ElGamal 公钥系统的安全性基于离散对数的计算复杂性.要保证 ElGamal 公钥系统的安全性,p 至少要取二进制 1024 位,而且 $p-1$ 要有大素因子.

习题 2.6

1. 模 11 的简化剩余系中,a 对模 11 的指数有哪几种可能?
2. 求模 7 的所有原根.
3. 设 p 是奇素数,证明 a 是模 p 的原根当且仅当 $E(a,p)=p-1$.
4. ElGamal 公钥密码中,Alice 取 $p=13$,13 的一原根为 2,$X_A=11$,$h_A\equiv$

$2^{X_A} \pmod{13}$,这里公钥为_____.

5. ElGamal 公钥密码中,若 Bob 收到 $p=13, g=2, h_A=7$,取 $k=9$,明文 m $=10$,求密文 (u, v).

6. ElGamal 公钥密码中,若 $p=13$,13 的一原根 $g=2$,$X_A=11$,收到密文 $(u, v)=(5, 2)$,求明文 m.

第  章

代数、多项式及公钥

3.1 映射、等价关系

3.1.1 映射、单射与满射

定义 3.1 设 M,M' 是两个非空集合，σ 是一个对应法则，通过这个法则，对于 M 中的每一个元素 a，都有 M' 中唯一确定的元素 a' 与它对应，则称 σ 为 M 到 M' 的一个**映射**，记作 $\sigma\colon M\to M'$，$a\mapsto a'=\sigma(a)$，称 a' 为 a 在映射 σ 下的**像**，而 a 称为 a' 在映射 σ 下的**原像**.

定义 3.2 设有映射 $\sigma\colon M\to M'$. 若 $\forall a'\in M'$，存在 $a\in M$，使 $a'=\sigma(a)$，则称 σ 是 M 到 M' 的一个**满射**；若 $\forall a_1,a_2\in M$，只要 $\sigma(a_1)=\sigma(a_2)$，就有 $a_1=a_2$，则称 σ 是 M 到 M' 的一个**单射**；若 σ 既是单射，又是满射，则称 σ 为**双射**.

例 3.1 判断下列 M 到 M' 对应法则是否为映射：

(1) $M=\{a,b,c\}$，$M'=\{1,2,3,4\}$；

$\sigma\colon \sigma(a)=1,\sigma(b)=1,\sigma(c)=2.$（是）

$\delta\colon \delta(a)=1,\delta(b)=2,\delta(c)=3,\delta(c)=4.$（不是）

$\tau\colon \tau(b)=2,\tau(c)=4.$（不是）

(2) $M=\mathbf{Z}$，$M'=\mathbf{Z}^+$.

$\sigma\colon \sigma(n)=|n|$，$\forall n\in\mathbf{Z}.$（不是）

$\tau\colon \tau(n)=|n|+1$，$\forall n\in\mathbf{Z}.$（是）

例 3.2 判断下列映射哪些是单射、满射、双射：

(1) $M=\{a,b,c\}$，$M'=\{1,2,3\}$；

$\sigma\colon \sigma(a)=1,\sigma(b)=1,\sigma(c)=2.$（既不是单射，也不是满射）

$\tau\colon \tau(a)=3,\tau(b)=2,\tau(c)=1.$（双射）

(2) $M=M'=F[x]$（数域 F 上一元多项式全体）；

$\sigma\colon \sigma(f(x))=f'(x)$，$\forall f(x)\in F[x].$（满射，不是单射）

(3) $M = F, M' = M_n(F)$（全体 n 阶矩阵），$\boldsymbol{E}$ 为 n 阶单位矩阵；

$\tau: \tau(a) = a\boldsymbol{E}, \forall a \in F$.（单射，不是满射）

(4) $M = \mathbf{Z}, M' = 2\mathbf{Z}$.

$\sigma: \sigma(n) = 2n, \forall n \in \mathbf{Z}$.（双射）

对于有限集来说，两集合之间存在双射的充要条件是它们所含元素的个数相同.

3.1.2 等价关系与分类

定义 3.3 设 A 是一个非空集合，$D = \{对, 错\}$，那么 $A \times A = \{(a, b) \mid a, b \in A\}$ 到 D 的映射 R 称为 A 的元素间的一个关系.

若 $R: (a, b) \mapsto$ 对，就说 a 与 b 符合关系 R，记为 aRb，若 $R: (a, b) \mapsto$ 错，就说 a 与 b 不符合关系 R.

定义 3.4 设 R 是 A 的元素间的一个关系，则 R 称为 A 的一个**等价关系**，如果 R 满足：

(1) 自反性 $\forall a \in A, aRa$；

(2) 对称性 如果 aRb，则 bRa；

(3) 传递性 $aRb, bRc \Rightarrow aRc$.

例 3.3 设 $n \in \mathbf{Z}^+, K = \{kn \mid k \in \mathbf{Z}\}, \forall a, b \in \mathbf{Z}$，规定 $aRb \Leftrightarrow a - b \in K$，则 R 是 $\mathbf{Z}$ 的元间的一个等价关系，不难证明，这个关系就是整数间关于模 n 的同余关系.

定义 3.5 设 A 是一个集合，把 A 分划成若干子集 A_i，每一个子集叫做一个类，使得 A 的每一个元素属于一个类且只属于一个类，则这个分划称为 A 的一个分类.

例 3.4 设 $n \in \mathbf{Z}^+, n \geqslant 2$，取 $[0] = \{kn \mid k \in \mathbf{Z}\}, [1] = \{kn+1 \mid k \in \mathbf{Z}\}, \cdots, [n-1] = \{kn+n-1 \mid k \in \mathbf{Z}\}$，则 $\{[0], [1], \cdots, [n-1]\}$ 是模 n 的剩余类，记作 Z_n，即 $Z_n = \{[0], [1], \cdots, [n-1]\}$ 因为每一个整数属于且只属于一个类，所以 Z_n 是 $\mathbf{Z}$ 的一个分类.

定理 3.1 集合 A 的每个分类决定 A 的一个等价关系.

证 设 $A = \bigcup A_i$ 是一个分类，规定 A 的一个关系：$a \sim b \Leftrightarrow a$ 与 b 在同一类，显然 $\sim$ 是 A 的一个关系，再证明 $\sim$ 是等价关系：

(1) 自反性 $\forall a \in A$，则有某个 A_i，使得 $a \in A_i$，a 与 a 在同一类，$a \sim a$；

(2) 对称性 $\forall a, b \in A$，若 $a \sim b$，则 a, b 在同一类 A_i 中，当然 b, a 在同一类 A_i 中，因此有 $b \sim a$；

（3）传递性 $\forall a,b,c\in A$,若 $a\sim b,b\sim c$,知有某个 A_i,a,b 在同一类 A_i 中,b,c 在同一类 A_i 中,故 a,c 也在同一类 A_i 中,所以 $a\sim c$.

定理 3.2 集合 A 的任一个等价关系 $\sim$ 都可确定 A 的一个分类.

证 $\forall a\in A$,令 $[a]=\{x\in A\,|\,x\sim a\}$,由 $a\sim a\Rightarrow a\in[a]$,即 A 的每一个元 a 都属于一类.

若 $a\in[b]\bigcap[c]\Rightarrow a\sim b,a\sim c$,由 $\sim$ 的对称性和传递性知 $b\sim c\Rightarrow b\in[c]\Rightarrow[b]\subseteq[c]$;同理,$[c]\subseteq[b]$,所以 $[b]=[c]$,即 A 的每一个元只能属于一个类.

习题 3.1

1. 替整数集 $\mathbf{Z}$ 规定一个关系 $\equiv$：$\forall a,b\in\mathbf{Z}$,规定 $a\equiv b\ (\mathrm{mod}6)\Leftrightarrow 6\,|\,(a-b)$,证明关系 $\equiv$ 是一个等价关系,并写出该等价关系决定的分类.

2. 在给出的数对中,3 与 7,-11 与 2,21 与 -7,-9 与 15,哪些数对中的数属于 Z_4 的同一类？

3. 在 Z_4 中,属于 $[2]$ 的整数是：$16,-6,20,-30$ 中的哪些个？

4. 在 Z_4 中,哪两个剩余类相等：$[-3]$ 与 $[9]$；$[-12]$ 与 $[32]$；$[-1]$ 与 $[-10]$；$[-7]$ 与 $[31]$？

3.2 群

3.2.1 群的定义与性质

定义 3.6 群 G 是一个非空集合,定义了一个代数运算“·”,叫做乘法,并满足：

（1）G 对乘法封闭,即 $a,b\in G\Rightarrow a\cdot b\in G$.

（2）乘法适合结合律,即 $\forall a,b,c\in G$,都有 $a\cdot(b\cdot c)=(a\cdot b)\cdot c$.

（3）G 中存在 e,$\forall a\in G$,都有 $e\cdot a=a$.

（4）$\forall a\in G$,G 中都存在一个元素 a',使得 $a'\cdot a=e$.

乘法运算时乘号可以省略.

e 称为 G 的左单位元,a' 称为 a 的左逆元.类似地,G 中的元 e 若满足 $\forall a\in G$,都有 $ae=a$,则称 e 为右单位元；G 中的元 a' 若满足 $aa'=e$,则称 a' 为 a 的右逆元.

例 3.5 设 $G=\mathbf{R}^+$（正有理数）,运算是数的乘法,则 G 对乘法作成一个群.

但整数全体 $\mathbf{Z}$ 对数的乘法不作成群,因为 2 在 $\mathbf{Z}$ 中没有左逆元.

群的一些基本性质如下.

(1) 一个左逆元一定是一个右逆元,即 $a'a=e\Rightarrow aa'=e$.

证 $aa'=eaa'=(a''a')aa'=a''(a'a)a'=a''ea'=a''a'=e$.

(2) 左单位元一定是右单位元,即 $ea=a\Rightarrow ae=a$.

证 $ae=a(a'a)=(aa')a=ea=a$.

以后左单位元就称为单位元,左逆元就称为逆元.

(3) 群 G 中单位元唯一.

证 设 e,e' 都是 G 的单位元,则 $e'=ee'=e$.

(4) G 中元 a 的逆元唯一.

证 设 a',a'' 都是 a 的逆元,$a''=a''e=a''(aa')=(a''a)a'=a'$.

a 的唯一逆元记作 a^{-1}.

(5) G 中消去律成立,即 $ab=ac\Rightarrow b=c,ba=ca\Rightarrow b=c$.

一个群的元素个数称为群的阶,记作 $|G|$;当 $|G|$ 是有限整数时,称为有限群,否则,称为无限群.

例 3.6 设 G 刚好包含 $x^3=1$ 的三个根:$1,\varepsilon_{1,2}=\dfrac{-1\pm\sqrt{-3}}{2}$,对于数的乘法来说 G 作成一个群,这个群的单位元为 $1,\varepsilon_1$ 和 ε_2 互为逆元.

例 3.7 设 Z_n 是由模 n 的剩余类组成的集合,即 $Z_n=\{[0],[1],\cdots,[n-1]\}$.

(1) 替 Z_n 规定加法:$[a]+[b]=[a+b]$,不难证明加法定义合理,即 + 与代表元无关;

(2) 结合律成立:$([a]+[b])+[c]=[a+b]+[c]=[(a+b)+c]=[a+(b+c)]=[a]+[b+c]=[a]+([b]+[c])$;

(3) 有单位[0],以后称[0]为 Z_n 的零元;

(4) 任意[a]有逆元[$-a$],以后称[$-a$]为[a]的负元.

Z_n 称为**模 n 的剩余类加群**,是一个有限群.

可用模 n 的最小非负完全剩余系代替模 n 的剩余类,加法就用剩余加法代替普通加法,结果一样.

3.2.2 置换

定义 3.7 有限集合的一一变换称为**置换**.

设 $A=\{a_1,a_2,\cdots,a_n\}$ 是一个 n 元集合,置换 $\pi:a_i\rightarrow a_{k_i}(i=1,2,\cdots,n)$ 可以

表示为 $\pi=\begin{bmatrix} a_1 & a_2 & \cdots & a_n \\ a_{k_1} & a_{k_2} & \cdots & a_{k_n} \end{bmatrix}$，简记为 $\pi=\begin{pmatrix} 1 & 2 & \cdots & n \\ k_1 & k_2 & \cdots & k_n \end{pmatrix}$，$k_1,k_2,\cdots,k_n$ 是 $1,2,\cdots,n$ 的一个排列．进一步还可以简记为 $k_1 k_2 \cdots k_n$.

n 元置换把模 n 的完全剩余系变为模 n 的完全剩余系．

实行两次置换 σ_1、σ_2，相当于实行一次置换 $\sigma_1\sigma_2$.

例 3.8　设有两个置换

$$\sigma_1=\begin{pmatrix} 1 & 2 & 3 & 4 & 5 \\ 2 & 1 & 4 & 5 & 3 \end{pmatrix}, \quad \sigma_2=\begin{pmatrix} 1 & 2 & 3 & 4 & 5 \\ 5 & 4 & 2 & 1 & 3 \end{pmatrix}.$$

可以将这两个置换 σ_1,σ_2 依次连起来，得到一个新的置换，称新的置换为置换 σ_1 和 σ_2 的乘积，记为 $\sigma_1\sigma_2$. 如

$$\sigma_1\sigma_2=\begin{pmatrix} 1 & 2 & 3 & 4 & 5 \\ 2 & 1 & 4 & 5 & 3 \end{pmatrix}\begin{pmatrix} 1 & 2 & 3 & 4 & 5 \\ 5 & 4 & 2 & 1 & 3 \end{pmatrix}$$

$$=\begin{pmatrix} 1 & 2 & 3 & 4 & 5 \\ 2 & 1 & 4 & 5 & 3 \end{pmatrix}\begin{pmatrix} 2 & 1 & 4 & 5 & 3 \\ 4 & 5 & 1 & 3 & 2 \end{pmatrix}=\begin{pmatrix} 1 & 2 & 3 & 4 & 5 \\ 4 & 5 & 1 & 3 & 2 \end{pmatrix};$$

还可以将一个置换 σ 反向来看，也得到一个新的置换，称新的置换为原置换的逆，记为 σ^{-1}. 如

$$\sigma_1^{-1}=\begin{pmatrix} 2 & 1 & 4 & 5 & 3 \\ 1 & 2 & 3 & 4 & 5 \end{pmatrix}^{-1}=\begin{pmatrix} 1 & 2 & 3 & 4 & 5 \\ 2 & 1 & 5 & 3 & 4 \end{pmatrix}.$$

不难证明，这样定义运算后，所有 n 元置换作成一个群，称为 n 次对称群.

例 3.9　置换在现代密码中经常用作加密的步骤．设置换为 8,1,6,3,5,7,4,9,2，明文为：4D 61 65 53 2D 4F 69 20 4E．求加密后的 16 进制密文．

解　置换 8,1,6,3,5,7,4,9,2 相当于置换 $\begin{pmatrix} 1 & 2 & 3 & 4 & 5 & 6 & 7 & 8 & 9 \\ 8 & 1 & 6 & 3 & 5 & 7 & 4 & 9 & 2 \end{pmatrix}$，原来第 1 个位置的 4D 换成第 8 个位置的 20；原来的第 2 个位置的 61 换成第 1 个位置的 4D. 依次类推．

明文信息序列为：4D 61 65 53 2D 4F 69 20 4E；

加密后的序列为：20 4D 4F 65 2D 69 53 4E 61.

3.2.3　加群、子群

群 G 如果还满足：$\forall a,b\in G,ab=ba$，则称 G 为交换群．交换群也称为阿贝尔(Abel)群.

当把交换群 G 的运算符记作加号，G 就称为一个加群．下面的运算为乘法及加法时的对比．

- ab　e（单位元）　a^n　a^{-1}（a 的逆元）
- $a+b$　0（零元）　na　$-a$（a 的负元）

例 3.10 所有整数 $\mathbf{Z}$ 对于数的加法作成一个加群. 模 n 的最小非负完全剩余系 Z_n 对于剩余加法作成一个加群.

定义 3.8 设 $\varnothing \neq H \subset$ 群 G, 如果 H 对 G 的运算也作成一个群, 则 H 称为 G 的**子群**, 记作: $H < G$.

定理 3.3 设 $\varnothing \neq H \subset G$, 如果 $\forall a, b \in H \Rightarrow ab \in H, a^{-1} \in H$, 则 $H < G$.

证 下面验证群的 4 个条件 (2) 结合律对 G 的所有元成立, 对 G 的子集 H 的元也成立; 定理条件表明群定义中 (1), (4) 成立; 由 (4) $a^{-1} \in H$; 再由 (1) $e = a^{-1} a \in H$, (3) 成立, 所以 $H < G$.

例 3.11 $G = \mathbf{Z}, H = \{2n \mid n \in \mathbf{Z}\}$, 则 $H < G$.

证 $2n + 2n' = 2(n + n') \in H, -(2n) = 2(-n) \in H$, 由定理 3.3, $H < G$.

群 G 的子群 $\{e\}$ 和 G 称为 G 的**平凡子群**.

定理 3.4 设 H 是群 G 的有限子集, 如果 $\forall a, b \in H \Rightarrow ab \in H$, 则 $H < G$.

证 (1) H 对 G 的乘法封闭;

(2) 结合律成立;

(3) 设 $H = \{a_1, a_2, \cdots, a_n\}, a \in H$, 令 $H' = \{aa_1, aa_2, \cdots, aa_n\} \subset H$, 如果 $aa_i = aa_j$, 由消去律, $a_i = a_j$, 因此 $|H'| = n$, 这里 $|H'|$ 表示集合 H' 的元素个数, 所以 $H' = H$. 于是, $\forall b \in H$, 存在 $a_i \in H$, 使得 $b = aa_i$.

令 $H'' = \{a_1 a, a_2 a, \cdots, a_n a\} \subset H$, 类似地可证, $H'' = H$, 所以对 $a \in H$, 存在 $a_k \in H$, 使得 $a = a_k a$. 将 a_k 记为 e, 即 $ea = a$, 则 $eb = eaa_i = aa_i = b$; 又 $e \in H = H''$, 存在 $a_j \in H$, 使得 $e = a_j a$, a_j 就是 a 的左逆元.

定义 3.9 设 $a \in$ 群 G, 将 a 自乘, 取逆, 作成一个新的集合 H, 则 $H < G$, 称为 a 生成的子群, 记作 $H = (a)$.

定理 3.5 设 H 是有限群 G 子群, $|G| = n, |H| = m$, 则 $m \mid n$.

证 下面证明 G 中的 n 个元被分到若干个 m 个元的子集中去了.

(1) 设 $H = \{a_1, a_2, \cdots, a_m\}, a \in G$, 令 $aH = \{aa_1, aa_2, \cdots, aa_m\}$, 如果 $aa_i = aa_j$, 由消去律, $a_i = a_j$, 因此 $|aH| = m$, 即每个子集 aH 的元的个数都为 m;

(2) $\forall a \in G, a = ae \in aH$, 即 G 的每一个元属于一个 aH;

(3) $b \in aH \Rightarrow bH \subset aH$, 由 $|bH| = |aH| \Rightarrow bH = aH$; 若 b 还属于 cH, 则 $cH = bH = aH$, 即 G 的每一个元只能属于一个 aH.

这样, 设一共有 h 个不同的 $aH, n = |G| = h|H| = hm$, 即 $m \mid n$.

定理 3.5 证明中的 h 称为 G 对 H 的指数, 记作 $[G:H]$. 因此有下面的结论.

推论 3.1 (拉格朗日定理) $|G| = |H|[G:H]$.

设 $|G| = n, a \in G$, 使得 $a^t = e$ 的最小正整数 t 称为 a 的**阶**, 记作 $|a|$.

推论 3.2 设 $|G|=n, \forall a \in G, |a| \mid |G|$,即元的阶整除群的阶.

证 令 $H=(a)$,则 $H<G, t=|a|=|(a)|$,再由定理 3.5, $t \mid n$.

习题 3.2

1. 在加群 Z_6 中,找出所有子群.

2. 计算置换

$$\sigma=\begin{pmatrix} 1 & 2 & 3 & 4 & 5 \\ 4 & 1 & 5 & 2 & 3 \end{pmatrix}\begin{pmatrix} 1 & 2 & 3 & 4 & 5 \\ 1 & 3 & 5 & 2 & 4 \end{pmatrix}.$$

设明文为:28 3E 4D 13 2F. 求 σ 加密后的 16 进制密文.

3. 在群 Z_6 中,指出所有元的阶.

4. 设 $\varnothing \neq H \subset G$,证明:如果 $\forall a,b \in H \Rightarrow a^{-1}b^{-1} \in H$,则 $H<G$.

3.3 环

3.3.1 环的定义

定义 3.10 说集合 R 是一个**环**,如果:

(1) R 是一个加群;

(2) R 还有一个乘法, $a,b \in R \Rightarrow a \cdot b = ab \in R$;

(3) 乘法适合结合律, $a,b,c \in R, a(bc)=(ab)c$;

(4) 乘法对加法适合左右分配律, $a,b,c \in R, a(b+c)=ab+ac, (a+b)c=ac+bc$.

例 3.12 设 $R=\mathbf{Z}$,运算是数的加法和乘法,则 R 作成一个环,称为整数环.

例 3.13 设 $n \in \mathbf{Z}^+$,则 Z_n 对剩余类加法和乘法作成一个环.

证 由 3.2.1 节知 Z_n 对剩余类加法作成一个加群,下面替 Z_n 规定乘法: $[a] \cdot [b]=[a \cdot b]$.

不难证明乘法定义合理,即 $\cdot$ 与代表元无关.

乘法适合结合律: $([a] \cdot [b]) \cdot [c]=[a \cdot b] \cdot [c]=[(a \cdot b) \cdot c]=$ $[a \cdot (b \cdot c)]=[a] \cdot [b \cdot c]=[a] \cdot ([b] \cdot [c])$;

乘法适合对加法分配律: $[a] \cdot ([b]+[c])=[a] \cdot [b]+[a] \cdot [c]$, $([a]+[b]) \cdot [c]=[a] \cdot [c]+[b] \cdot [c]$;

所以, Z_n 作成一个环,称为**模 n 的剩余类环**.

定义 3.11 设 R 为一个环,若 $a,b \in R, a \neq 0, b \neq 0$,但 $ab=0$,则说 a,b 是

R 的**零因子**;若 $a\in R$,存在 e,$ea=ae=a$,则 e 称为 R 的**单位元**;若 $\forall a,b\in R$,$ab=ba$,则称 R 为**交换环**.

例 3.14 设 $R=Z_6$,$[2]$,$[3]\in Z_6$,$[2]\neq[0]$,$[3]\neq[0]$,但 $[2][3]=[6]=[0]$,即 Z_6 有零因子.

定义 3.12 如果环 R 中无零因子,则说 R 是无零因子环;如果无零因子环 R 对于乘法来说,还是有单位元的交换环,则说 R 是一个**整环**.

例 3.15 整数环 **Z** 是一个整环.

3.3.2 域

定义 3.13 说环 R 是一个域(Field),如果:

(1) R 至少包含零元和单位元,且零元 $\neq$ 单位元;

(2) R 是交换环;

(3) R 中非零元有逆元.

不难看出,域是整环,但整环不一定是域.

例 3.16 有理数全体 **Q** 对于数的加法和乘法作成一个域.

例 3.17 设 p 是素数,则模 p 的剩余类环 Z_p 是一个域.

证 Z_p 至少包含两个元,乘法适合交换律,有单位元 $[1]$,对任意 $[0]\neq[a]\in Z_p$,$(a,p)=1$,则存在 $s,t\in \mathbf{Z}$,使得 $sa+tp=1$,从而 $sa\equiv 1(\mathrm{mod}\,p)$,即 $[s][a]=[1]$,故 $[a]$ 有逆元 $[s]$,所以 Z_p 是一个域.

也可以由欧拉定理得出,因 p 为素数,则 $\varphi(p)=p-1$,故 $a^{p-2}a=a^{p-1}\equiv 1(\mathrm{mod}\,p)$,即 $[a^{p-2}][a]=[1]$,故 $[a]$ 有逆元 $[a^{p-2}]$.

元素个数有限的域称为**有限域**,Z_p 是最简单的有限域.

例 3.18 域 F 的非零元集 F^* 对 F 的乘法做成一个群.

证 设 $a,b\in F^*$,则 $a\neq 0$,$b\neq 0$.由于 F 无零因子 $\Rightarrow ab\neq 0\Rightarrow F^*$ 对乘法封闭,群的结合律、单位元和逆元的条件显然满足.

例 3.19 域 Z_p 的非零元 a 都满足 $a^{p-1}=1$.

证 Z_p 中有 p 个元,它的非零元集 Z_p^* 共有 $p-1$ 个元,由例 3.18,Z_p^* 作成一个群,因此 $|Z_p^*|=p-1$,$\forall a\in Z_p^*$,由推论 3.2,$|a|\,|\,|Z_p^*|=p-1$,所以 $a^{p-1}=1$.

*定理 3.6 无零因子环 R 中,所有非零元对加法来说的阶相等.这个相等的阶称为 R 的**特征**.

证 设 $0\neq a$,$0\neq b\in R$,a 对加法的阶为 n,则 $na=0\Rightarrow a(nb)=(na)b=0$.由 R 无零因子 $\Rightarrow nb=0$,即 b 对加法的阶 $\leqslant n$.同理,a 对加法的阶 $\leqslant b$ 对加法的阶,

所以 a,b 对加法的阶相等.

*定理 3.7 有限无零因子 R 环的特征只能是素数 p.

证 如果环 R 的特征是合数 $n=n_1 n_2,1<n_1,n_2<n,a$ 对加法的阶, $|a|=n$, $n_1 a \neq 0, n_2 a \neq 0, (n_1 a) \cdot (n_2 a) = (n_1 n_2) a^2 = (na) a = 0 \cdot a = 0 \Rightarrow R$ 有零因子, 矛盾.

*例 3.20 设 R 为特征是 p 的交换环, $a,b \in R$, 则 $(a+b)^p = a^p + b^p$.

证明 $(a+b)^p = a^p + C_p^1 a^{p-1} b + \cdots + C_p^{p-1} ab^{p-1} + C_p^p b^p$.

因为 $p | C_p^k$, 因此 $C_p^k a^{p-k} b^k = 0, k=1,2,\cdots,p-1$. 所以 $(a+b)^p = a^p + b^p$.

习题 3.3

1. 给出 Z_5 的加法表和乘法表.
2. 求 Z_{10} 中所有逆元的元和它对应的逆元.
3. 下列环中, 哪些不是域?

$$\mathbf{Z}, \mathbf{Q}, \mathbf{R}, \mathbf{C}, Z_2, Z_3, Z_4, Z_6, \{0\}.$$

3.4 域上多项式环

3.4.1 域上一元多项式环

设 F 是一个域, $a_i \in F$, n 是一个非负整数, x 是一个符号, 称

$$f(x) = a_n x^n + a_{n-1} x^{n-1} + \cdots + a_1 x + a_0 = \sum_{i=0}^{n} a_i x^i$$

为域 F 上的多项式. 若 $a_n \neq 0$, 则 n 称为 $f(x)$ 的次数, 记 $\partial(f(x))$, a_n 为首项系数. 首项系数为 1 的多项式称为首 1 多项式. $a_i x^i$ 称为 $f(x)$ 的 i 次项, 系数全为 0 的多项式称为零多项式. 零多项式不定义次数.

多项式运算包括加法、减法、乘法. 设 $f(x) = \sum_{i=0}^{n} a_i x^i, g(x) = \sum_{i=0}^{m} b_i x^i$, 定义:

加法: $f(x) + g(x) = \sum_{i=0}^{n} (a_i + b_i) x^i$, 这里不妨设 $n \geqslant m$, 当 $i > m$, 取 $b_i = 0$.

乘法:
$$f(x)g(x) = c_{n+m} x^{n+m} + c_{n+m-1} x^{n+m-1} + \cdots + c_1 x + c_0$$
$$= a_n b_m x^{n+m} + (a_n b_{m-1} + a_{n-1} b_m) x^{n+m-1} + \cdots + (a_1 b_0 + a_0 b_1) x + a_0 b_0$$

$$= \sum_{s=0}^{n+m} \sum_{i+j=s} (a_i b_j) x^s,$$

其中 s 次项 x^s 的系数为

$$c_s = a_s b_0 + a_{s-1} b_1 + \cdots + a_1 b_{s-1} + a_0 b_s = \sum_{i+j=s} a_i b_j.$$

域 F 上 x 多项式全体对加法和乘法运算构成一个环,称为域 F 上**一元多项式环**,记为 $F[x]$.

定理 3.8 设 $f(x)$ 和 $g(x)$ 是域 F 上的多项式,且 $g(x) \neq 0$,则存在唯一的多项式 $q(x), r(x)$,使

$$f(x) = q(x) g(x) + r(x), \quad r(x) = 0 \quad \text{或} \quad \partial(r(x)) < \partial(g(x)).$$

*证 若 $f(x) = 0$ 或 $\partial(f(x)) < \partial(g(x))$,则令 $q(x) = 0, r(x) = f(x)$,结论成立.

若 $f(x) \neq 0$ 或 $\partial(f(x)) = n \geqslant \partial(g(x)) = m$,即

$$f(x) = a_n x^n + a_{n-1} x^{n-1} + \cdots + a_1 x + a_0 = \sum_{i=0}^{n} a_i x^i,$$

$$g(x) = b_m x^m + b_{m-1} x^{m-1} + \cdots + b_1 x + b_0 = \sum_{j=0}^{m} b_j x^j.$$

对 $f(x)$ 的次数 n 作数学归纳法.

$n = 0$,则 $m = 0$ 且 b_0 非零,$f(x) = a_0 = (a_0 b_0^{-1}) b_0 + 0$,结论成立.

假设对次数小于 n 时,结论成立. 现在来看 $f(x)$ 次数为 n 的情形. 这时 $f(x)$ 的首项为 $a x^n$,$g(x)$ 的首项为 $b x^m (n \geqslant m)$,则 $b^{-1} a x^{n-m} g(x)$ 与 $f(x)$ 有相同的首项,因而多项式 $f_1(x) = f(x) - b^{-1} a x^{n-m} g(x)$ 的次数小于 n 或 $f_1(x)$ 为 0. 若 $f_1(x) = 0$,令 $q(x) = b^{-1} a x^{n-m}, r(x) = 0$ 即可;若 $\partial(f_1(x)) < n$,由归纳假设,存在 $q_1(x), r_1(x)$ 使得 $f_1(x) = q_1(x) g(x) + r_1(x)$,其中 $\partial(r_1(x)) < \partial(g(x))$ 或者 $r_1(x) = 0$. 于是 $f(x) = b^{-1} a x^{n-m} g(x) + f_1(x) = (b^{-1} a x^{n-m} + q_1(x)) g(x) + r_1(x)$,即有 $q(x) = b^{-1} a x^{n-m} + q_1(x), r(x) = r_1(x)$,使 $f(x) = q(x) g(x) + r(x)$. 由数学归纳法原理,存在性成立.

再证唯一性. 若还有 $f(x) = q_1(x) g(x) + r_1(x)$,其中 $\partial(r_1(x)) < \partial(g(x))$ 或 $r_1(x) = 0$,则

$$q(x) g(x) + r(x) = q_1(x) g(x) + r_1(x), \quad \text{即} \quad (q(x) - q_1(x)) g(x) = r_1(x) - r(x).$$

若 $r_1(x) - r(x) \neq 0$,则 $q(x) - q_1(x) \neq 0, \partial(q(x) - q_1(x)) + \partial(g(x)) \geqslant \partial(g(x)) > \max\{\partial(r_1(x)), \partial(r(x))\} \geqslant \partial(r_1(x) - r(x))$,矛盾.

所以 $r_1(x) = r(x)$ 从而 $q(x) = q_1(x)$,唯一性得证.

在 $f(x)=q(x)g(x)+r(x)$ 中，$q(x)$ 称为 $g(x)$ 除 $f(x)$ 的商式，$r(x)$ 称为余式. 多项式除法具有与普通除法一样的长除法. $f(x)=q(x)g(x)+r(x)$ 可以记为 $f(x)\equiv r(x)(\bmod g(x))$.

定义 3.14 设 $f(x)$ 和 $g(x)$ 是域 F 上的多项式，且 $g(x)\neq 0$. 若存在 $q(x)$ 使 $f(x)=q(x)g(x)$，则称 $g(x)$ 整除 $f(x)$，记为 $g(x)\mid f(x)$，也说 $g(x)$ 是 $f(x)$ 的**因式**.

定义 3.15 设 $f(x)$ 和 $g(x)$ 不全为 0，$f(x)$ 和 $g(x)$ 的次数最高的首 1 公因式称为**最大公因式**，记为 $(f(x),g(x))$. 若 $(f(x),g(x))=1$，则称 $f(x)$ 和 $g(x)$ **互素**.

不难证明，若 $(f(x),g(x))=1$，则存在多项式 $u(x),v(x)$，使得
$$u(x)f(x)+v(x)g(x)=1.$$

定义 3.16 若存在次数大于 0 的多项式 $q(x)$ 和 $g(x)$，使 $f(x)=q(x)g(x)$，则称 $f(x)$ 为可约多项式，否则 $f(x)$ 称为**不可约多项式**或**既约多项式**.

例 3.21 设 $p(x)$ 是域 F 上不可约多项式，$f(x)$ 是 F 上任一多项式，有 $p(x)\mid f(x)$ 或 $(p(x),f(x))=1$.

证 设 $(p(x),f(x))=d(x)$，则 $d(x)\mid p(x)$. 由于 $p(x)$ 不可约，故 $d(x)=1$ 或 $d(x)=cp(x),c\neq 0$. 若 $d(x)=cp(x)$，则 $p(x)\mid f(x)$.

例 3.22 设 $g(x)$ 为域 F 上使得 $g(\alpha)=0$ 的次数最低的多项式，则 $g(x)$ 是不可约多项式，且若有 $f(\alpha)=0$，则 $g(x)\mid f(x)$，$g(x)$ 称为 α 的**极小多项式**.

证 因 $f(x)=q(x)g(x)+r(x)$，$r(x)=0$ 或 $\partial(r(x))<\partial(g(x))$，故 $f(\alpha)=q(\alpha)g(\alpha)+r(\alpha)$.

由 $g(x)$ 次数最低 $\Rightarrow r(x)=0$，得 $g(x)\mid f(x)$.

例 3.23 x^4+1 看作有理数域上的多项式是不可约的；但是看作 Z_2 上的多项式，因为 Z_2 上，$1+1=0$，所以 Z_2 上的多项式
$$x^4+1=(x+1)(x^3+x^2+x+1)=(x+1)^4,\quad x^4+1$$
是可约多项式；而多项式 x^3+x+1 即使看作 Z_2 上的多项式，也是不可约多项式，因为它没有一个真因式. 事实上，若 $x^3+x+1=(x+a)(x^2+bx+c)\Rightarrow x^3+x+1=x^3+(a+b)x^2+(ab+c)x+ac\Rightarrow a+b=0,ab+c=1,ac=1\Rightarrow a=c=1,b=0$，与 $a+b=0$ 矛盾.

*3.4.2 置换多项式及公钥

定义 3.17 设 $f(x)$ 是一个整系数多项式，如果 x 通过模 n 的完全剩余系时，$f(x)$ 也通过模 n 的完全剩余系，则称 $f(x)$ 是一个**置换多项式**.

例 3.24　$(a,n)=1,ax+b$ 是一次置换多项式.

例 3.25　设 $f(x),g(x)$ 都是关于模 n 的置换多项式,则 $f(g(x))$ 也是关于模 n 的置换多项式,即置换多项式的复合也是置换多项式.

迪克森多项式

设 r 是素数,$n\geqslant 1$,有限域 Z_r 上迪克森(Dickson)多项式为
$$D(x,a):D_0=2,\quad D_1=x,\quad D_{n+1}=xD_n-aD_{n-1};$$
$$E(x,a):E_0=1,\quad E_1=x,\quad E_{n+1}=xE_n-aE_{n-1}.$$

Schur 提出的迪克森多项式为
$$D_n^*(x,a):D_0^*=1,\quad D_1^*=x,\quad D_{n+1}^*=xD_n^*-aD_{n-1}^*;$$
$$E_n^*(x,a):E_0^*=0,\quad E_1^*=1,\quad E_{n+1}^*=xE_n^*-aE_{n-1}^*.$$

关于 p 元有限域 Z_p 上迪克森多项式有下面的结果.

定理 3.9[4]　$D_n(x,a)$ 是置换多项式,$a\in Z_p\Leftrightarrow(n,p^2-1)=1$.

下面利用其中的 $D_n^*(x,1)$ 的构造公钥系统.

例 3.26　$D_n^*(x,1)$**公钥系统[5]**：

Alice 要求 Bob 将信息加密送回.

(1) 密钥生成：Alice 随机选取两个大素数 p,q,令 $n=pq$,计算
$$t=\text{lcm}(p-1,q-1,p+1,q+1).$$
随机选取 a,满足 $(a,t)=1$,求 d,满足 $da\equiv 1(\text{mod}t)$.将公钥 n,a 发送给 Bob,p,q,t,d 是私钥,留作解密用;

(2) 加密：Bob 将明文转换为数字并分段,使得每段 $m<n$,计算 $C\equiv D_a^*(m,1)(\text{mod}n)$,将密文 C 发送给 Alice;

(3) 解密：Alice 收到后计算 $m=D_d^*(C,1)(\text{mod}n)$,恢复明文对应的 m.

LUC 是 1993 年新西兰人 Smith 等利用 Lucas 序列构造的一种基于大整数分解的公钥系统,$D_n^*(x,1)$ 公钥算法是 LUC 公钥算法的改进,也是 RSA 算法的推广,其安全性等价于大整数的分解,与 LUC 公钥比较,$D_n^*(x,1)$ 公钥安全性相同,但计算量相对少.详细的讨论和分析见文献[5].

有限域上的切比雪夫多项式

有限域上的切比雪夫(Chebyshev)多项式为 $T_0(x)\equiv 1(\text{mod}p),T_1(x)\equiv x(\text{mod}p),T_n(x)\equiv(2xT_{n-1}(x)-T_{n-2}(x))(\text{mod}p),n\geqslant 2$.

例 3.27　下面用 $T_n(x)$ 构造基于切比雪夫多项式 $T_n(x)$ 的公钥系统[6]：

Alice 要求 Bob 将信息加密送回.

(1) 密钥生成：Alice 随机选取大素数 p,整数 x,满足 $1<x<p-1$,一个随

机整数 $s<p$，计算 $A\equiv T_s(x)(\bmod p)$，如果满足 $A\neq 1,p-1$，将 (x,A,p) 作为公钥发送给 Bob，将私钥 s 保密，否则重新选取 s；

（2）加密：Bob 收到公钥 (x,A,p)，将消息变换成一个数值并分段，使得每段 m 满足 $0<m<p$，随机选取一个整数 $r<p$，计算 $B\equiv T_r(x)(\bmod p)$ 和 $X\equiv mT_r(A)(\bmod p)$. 如果满足 $B\neq 1,p-1$ 且 $1<T_r(A)(\bmod p)<p-1$，将密文 $C=(B,X)$ 传给 Alice，否则重新选取整数 r；

（3）解密：Alice 收到密文 C，先使用私钥 s 计算，$T\equiv T_s(B)(\bmod p)$，然后计算 $m\equiv XT^{-1}(\bmod p)$，恢复明文对应的 m.

详细的讨论和分析见文献[6]. 也可用迪克森多项式替代切比雪夫多项式，用同样的方式构造公钥系统.

1. 对于系数为 Z_7 上的多项式，计算：

(1) $(7x+2)-(x^2+5)$；

(2) $(6x^2+2x+2)(5x^2+2)$.

2. 设 $f(x)=a_{n-1}x^{n-1}+a_{n-2}x^{n-2}+\cdots+a_1x+a_0,r(x)\equiv xf(x)(\bmod(x^n-1))$，相当于把 $f(x)$ 乘以 x 后，把 $a_{n-1}x^n$ 换成 a_{n-1}，并移到最后一项. 写出 $r(x)$.

3. 在 Z_7 上的迪克森多项式 $D_0(x,1),D_1(x,1),D_2(x,1),D_3(x,1),D_4(x,1),D_5(x,1),D_6(x,1)$ 中，找出其中的置换多项式.

*3.5 理想、环的同态

3.5.1 理想与剩余类环

定义 3.18 设 $\varnothing\neq I\subset R$，如果 $\forall a,b\in I,\forall r\in R$，都有 $a-b\in I,ra,ar\in I$，则说 I 是 R 的一个**理想**，记作 $I\lhd R$.

任一环 R 至少有两个理想，即 $\{0\}$ 和 R 本身，$\{0\}$ 称为零理想，R 称为单位理想.

用 (a) 表示包含元 a 的最小理想，即所有包含 a 的理想的交集，称为由 a 生成的**主理想**，当 R 是有单位元的交换环时，$(a)=\{ra\mid r\in R\}$.

例 3.28 一个域只有零理想和单位理想.

证 设 I 是域 F 的非零理想，那么 $\forall 0\neq n\in I$，存在 $n^{-1}\in F$，由理想的定义

得 $1=n^{-1}n\in I$. 于是 $\forall r\in F, r=r\cdot 1\in I$. 由 r 的任意性得 $F\subseteq I$. 所以 $I=F$.

　　例 3.29　$R=Z, I=\{nk\,|\,k\in \mathbf{Z}\}$, 则 $I\lhd R$.

3.5.2　环的同态映射

　　定义 3.19　设 φ 是环 $\{R,+,\cdot\}$ 到环 $\{\overline{R},\overline{\mp},\overline{\cdot}\}$ 的映射. 如果 φ 满足:
$$\forall a,b\in R, \varphi(a+b)=\varphi(a)\overline{\mp}\varphi(b), \varphi(a\cdot b)=\varphi(a)\overline{\cdot}\varphi(b),$$
则说 φ 是一个环 R 到 $\overline{R}$ 的同态映射.

　　如果 φ 还是满射, 则称 φ 为同态满射, 这时说 R 与 $\overline{R}$ 同态, 记为 $R\sim\overline{R}$; 如果 φ 还是双射, 则称 φ 为同构映射, 这时说 R 与 $\overline{R}$ 同构, 记为 $R\cong\overline{R}$.

　　例 3.30　设 $R=\mathbf{Z}, \overline{R}=Z_n, \varphi:\mathbf{Z}\to Z_n, a\mapsto[a]=\varphi(a)$, 则 φ 是 R 到 $\overline{R}$ 的同态满射, 因为 $\forall a,b\in R, \varphi(a+b)=[a+b]=[a]+[b]=\varphi(a)+\varphi(b)$,
$$\varphi(a\cdot b)=[a\cdot b]=[a][b]=\varphi(a)\cdot\varphi(b),$$
且 $\forall[a]\in\overline{R}$, 存在 $a\in R$, 使得 $\varphi(a)=[a]$, 所以 φ 是 R 到 $\overline{R}$ 的同态满射.

　　设 R 是环, $I\lhd R$, 规定 $a\sim b\Leftrightarrow a-b\in I$, 则这个关系是 R 的元间的一个等价关系, 决定 R 的一个分类:

　　$[a]=\{b\,|\,b\sim a,b\in R\}$, 令 $\overline{R}=\{[a]\,|\,a\in R\}$.

　　替 $\overline{R}$ 规定加法: $[a]+[b]=[a+b]$;

　　替 $\overline{R}$ 规定乘法: $[a]\cdot[b]=[a\cdot b]$.

　　不难证明加法和乘法定义合理, 即与代表元无关, 事实上

　　由 $[a]=[a'],[b]=[b']$, 得

　　$(a+b)-(a'+b')=(a-a')+(b-b')\in I$,　因此　$[a+b]=[a'+b']$.

　　$ab-a'b'=ab-ab'+ab'-a'b'=a(b-b')+(a-a')b'\in I$, 因此 $[ab]=$ $[a'b']$.

　　不难证明 $\overline{R}$ 对加法作成一个加群, 乘法适合结合律, 乘法对加法满足分配律, 从而 $\overline{R}$ 作成一个环, 称为 R 模 I 的剩余类环, 记作 R/I.

　　例如, $R=\mathbf{Z}, I=\{nk\,|\,k\in\mathbf{Z}\}$, 则 $I=(n)\lhd R$. 规定 $a\sim b\Leftrightarrow a-b\in I$, 则 $\sim$ 是 $\mathbf{Z}$ 的元间的一个等价关系, 决定的分类: $Z_n=\{[0],[1],\cdots,[n-1]\}$ 就是模 n 的剩余类.

　　定理 3.10(同态基本定理)　设 $R\overset{\varphi}{\sim}\overline{R}$ 是一个环同态满射, 令 I 表示 $\overline{R}$ 中零元的原像, 即
$$I=\mathrm{Ker}\varphi=\{a\in R_1\,|\,\varphi(a)=0\}, 则:$$
　　(1) $I\lhd R$;

(2) $R/I \cong \overline{R}$.

证 (1) $\forall a,b \in I, r \in R, \varphi(a-b)=\varphi(a)-\varphi(b)=\overline{0}-\overline{0}=\overline{0} \Rightarrow a-b \in I$,
$$\varphi(ra)=\varphi(r)\varphi(a)=\varphi(r) \cdot \overline{0}=\overline{0}, \quad ra \in I.$$

同样,$\varphi(ar)=\overline{0}, ar \in I \Rightarrow I \lhd R$.

(2) 作 R/I 到 $\overline{R}$ 的对应,$\psi: R/I \rightarrow \overline{R}, [a] \mapsto \overline{a}=\varphi(a)$,

  $[a]=[b] \Leftrightarrow a-b \in I \Leftrightarrow \varphi(a-b)=\varphi(a)-\varphi(b)=\overline{0} \Leftrightarrow \varphi(a)=\varphi(b)$.

"$\Rightarrow$"说明 ψ 是映射,"$\Leftarrow$"说明 ψ 是单射.

给了 $\overline{a}$,可找到 $\varphi(a): \psi([a])=\varphi(a) \Rightarrow \psi$ 是满射,从而 ψ 为双射.

$\psi([a]+[b])=\psi([a+b])=\varphi(a+b)=\varphi(a)+\varphi(b)=\psi([a])+\psi([b])$.

同理,$\psi([a] \cdot [b])=\psi([a]) \cdot \psi([b])$,所以 $R/I \overset{\varphi}{\cong} \overline{R}$.

例 3.31 设 $R=\mathbf{Z}$ 为整数环,$I=(6)=\{6k \mid \forall k \in \mathbf{Z}\}$,则 $R/I=Z_6=\{[0], [1],[2],[3],[4],[5]\}$ 就是模 6 剩余类环.

3.5.3 极大理想

下面来讨论 I 满足什么条件时,R/I 是域.

定义 3.20 设 R 是环,$I \lhd R$,说 I 是 R 的极大理想,如果 $J \lhd R, J \supsetneqq I \Rightarrow J=R$.

定理 3.11 设 R 是一个有非零单位元 1 的交换环,则 R/I 是域 $\Leftrightarrow I$ 是 R 的极大理想.

证 $R \overset{\varphi}{\sim} R/I, a \rightarrow \overline{a}=a+I$ 是 R 到 R/I 的同态满射,$\varphi(1)=\overline{1}$ 是 R/I 的单位元.

"$\Rightarrow$"R/I 是域,域只有零理想和单位理想,设 $J \lhd R, J \supsetneqq I, J/I \neq \overline{0} \Rightarrow J/I=R/I. \forall r \in R$,存在 $j \in J$,使得 $j+I=r+I \Rightarrow r-j \in I$,存在 $i \in I, r-j=i \Rightarrow r=j+i \in J$,所以 $J=R, I$ 是 R 的极大理想.

"$\Leftarrow$" $\forall \overline{0} \neq \overline{a} \in R/I, (\overline{a}) \neq \{\overline{0}\}, (\overline{a})=R/I, \overline{1}=\overline{a} \cdot \overline{r} \in (a), \overline{r}$ 是 $\overline{a}$ 的逆元,所以 R/I 是域.

例 3.32 设 $R=\mathbf{Z}, p$ 是素数,$I=(p)$,则 I 是 R 的极大理想,从而 $Z_p=R/(p)$ 是一个域.

证 设 $J \lhd R, J \supsetneqq I$,存在 $n \in J, n \notin I, p$ 不整除 n,于是有 $(n,p)=1$,存在 s, t,使得 $sn+tp=1, sn \in J, tp \in J \Rightarrow sn+tp=1 \in J \Rightarrow J=R$,所以 I 是 R 的极大理想.

例 3.33 设 $g(x)$ 是域 F 上不可约的多项式,则 $(g(x))$ 是 $F[x]$ 的一个极大

理想.

证 设 $R = F[x]$. $I = (g(x))$, $J \lhd R$, $J \supsetneq I$ 存在 $f(x) \in J$, $f(x) \notin I$, $g(x)$ 不整除 $f(x)$, 于是有 $(f(x), g(x)) = 1$, 存在多项式 $u(x), v(x)$, 使得 $u(x)f(x) + v(x)g(x) = 1 \in J$, $J = R$, 所以 I 是 R 的极大理想. 从而 $F[x]/(g(x))$ 是一个域.

1. 设 R 是整数环, p 是素数, $I = (p)$, 证明: R/I 是域.

2. 设 $R \overset{\varphi}{\sim} \overline{R}$ 是一个环同态满射, $I \lhd R$, 令 $\overline{I} = \{\overline{a} = \varphi(a) \mid a \in I\}$, 证明 $\overline{I} \lhd \overline{R}$.

3. 设 $R \overset{\varphi}{\sim} \overline{R}$ 是一个环同态满射, $\overline{I} \lhd \overline{R}$, 令 $I = \{a \in R \mid \varphi(a) = \overline{a} \in \overline{I}\}$, 证明 $I \lhd R$.

3.6 有限域

定义 3.21 有限域中元素的个数称为有限域的阶.

设 p 是素数, 模 p 的剩余类环 Z_p 就是一个 p 元有限域.

例 3.34 二元域 $GF(2) = Z_2 = \{0,1\}$ 是最简单的有限域, 其运算表如下:

加法表　　　　乘法表

+	0	1
0	0	1
1	1	0

·	0	1
0	0	0
1	0	1

从上表可以看出, 在 $GF(2)$ 上的加法等价于异或运算, 乘法等价于逻辑与运算.

定义 3.22 若域 E 的真子集 F 对 E 的加法和乘法也作成一个域, 则 F 称为 E 的**子域**, E 称为域 F 的**扩域**, 不含真子域的域称为**素域**.

阶为素数 p 的域没有真子域, 因此是素域.

定理 3.12 对于域 $F = Z_p$ 以及 F 上的不可约多项式 $g(x) = x^n + a_{n-1}x^{n-1} + \cdots + a_0$, 总存在 F 的扩域 $K = F(\alpha) = \{a_{n-1}\alpha^{n-1} + a_{n-2}\alpha^{n-2} + \cdots + a_1\alpha + a_0 \mid a_i \in F\}$, 其中 α 在 F 上的极小多项式是 $g(x)$. 因为每个系数 a_i 有 p 中取法, 所以一共有 p^n 个元, 即 $|K| = p^n$.

*证 $\varphi: F[x] \rightarrow F(\alpha), f(x) \mapsto f(\alpha)$ 是一个环同态满射,令 $I=\{f(x)\in F[x]_1 | \varphi(f(x))=f(a)=0\}$,则 $I=(g(x))$,$I \lhd F[x]$.由同态基本定理,$F[x]/(g(x)) \cong K$.因为 $g(x)$ 是不可约多项式,所以 $(g(x))$ 是一个极大理想,因而 $F[x]/(g(x))$ 是一个域,从而 K 是一个域.

所以,剩余类环 $K'=F[x]/(g(x))$ 是一个域.它的运算相当于多项式运算后模 $g(x)$ 取余式.定理 3.12 表明,只要找到域 $F=Z_p$ 上的 $n(<p)$ 次不可约多项式,就可以构造一个 p^n 元有限域,具有 Z_p 上 n 维向量空间的结构.

进一步利用多项式分裂域的理论,可以证明[7],对任意正整数 n,存在 p^n 元有限域 E,具有同定理 3.12 中域 K 的一样的结构,它是素域 Z_p 上添加一个 n 次不可约多项式 $g(x)$ 的根 α 生成的域,即它的元是 Z_p 上一不可约多项式的根的幂的一切线性组合.

p^n 元有限域在密码学中通常记为 GF(p^n).密码学中用的域多为素域 Z_p 或 GF(2^m).

注意,模 p^n 的剩余类环 Z_{p^n} 不是域.

$F[x]/(g(x))$,可以表示为 $F[x]/(g(x))=\{a_{n-1}x^{n-1}+a_{n-2}x^{n-2}+\cdots+a_1x+a_0 | a_i \in F\}$,$F=\{0,1,\cdots,p-1\}$.由定理 3.12,$F[x]/(g(x))$ 上的加法和乘法可按如下方法运算:

$$a(x) \oplus b(x) \equiv a(x)+b(x)(\mod(g(x))),$$
$$a(x) \odot b(x) \equiv a(x) \cdot b(x)(\mod(g(x))).$$

域 $F[x]/(g(x))$ 中的单位元和零元仍用 1 和 0 表示.

若 $F=Z_2$,$p(x)$ 是 F 上不可约多项式,GF(2^n)$=F[x]/(p(x))$ 中所有次数小于 n 的多项式表示为

$$f(x)=a_{n-1}x^{n-1}+a_{n-2}x^{n-2}+\cdots+a_1x+a_0.$$

由于系数 $a_i \in Z_2$,因此每个多项式都可以表示成一个 n 位的二进制整数.

例 3.35 已知 $p(x)=x^8+x^4+x^3+x+1$ 是 Z_2 上不可约多项式,GF(2^8) 是由 $p(x)$ 确定的有限域.

$a(x)=x^6+x^4+x^2+x+1$,$b(x)=x^7+x+1$,GF(2^8) 上的运算如下:

加法:$a(x)+b(x)=x^6+x^4+x^2+x+1+x^7+x+1=x^7+x^6+x^4+x^2$.

乘法:$a(x) \cdot b(x)=x^{13}+x^{11}+x^9+x^8+x^6+x^5+x^4+x^3+1=x^7+x^6+1$,乘法结果为除以 $p(x)$ 的余式;

二进制表示为 $(01010111) \oplus (10000011)=(11010100)$;

$(01010111) \odot (10000011)=(11000001)$,用十六进制表示为 $\{57\} \odot \{83\}=\{C1\}$.

例3.36 有限域 $GF(2^2)$ 上的运算.设 $p(x)=x^2+x+1$ 是 Z_2 上不可约多项式,$GF(2^2)$ 的元有4个:$0,e=1,f=x,g=x+1$.注意,$x^2\equiv x+1(\bmod p(x))$,$x^2+1\equiv x(\bmod p(x))$,

$$f+g\equiv x+x+1\equiv 1(\bmod p(x));$$
$$f\cdot g\equiv x(x+1)\equiv x^2+x+(1+1)\equiv 1(\bmod p(x));$$

该4元域的加法和乘法如下表:

加法表					乘法表				
$+$	0	e	f	g	$\cdot$	0	e	f	g
0	0	e	f	g	0	0	0	0	0
e	e	0	g	f	e	0	e	f	g
f	f	g	0	e	f	0	f	g	e
g	g	f	e	0	g	0	g	e	f

习题3.6

1. 设 $p(x)=x^3+x+1$ 是 Z_2 上不可约多项式,$GF(2^3)=\{a_2x^2+a_1x+a_0\mid a_i=0$ 或 $1\}$ 是由 $p(x)$ 确定的有限域,$GF(2^3)$ 的元 $f=x,g=x^2+1$,计算 $f+g$,$f\cdot g,g^2.f$ 在二进制中表示为 (010),g 在二进制中表示为 (101),将计算结果 $f+g,f\cdot g,g^2$ 用二进制表示出来.

2. 有限域 $GF(2^8)$ 的元是长度为8的位串,分别计算 $\{1A\}\oplus\{02\}$ 和 $\{1A\}\cdot\{02\}$ 的值.

第 4 章

对称密码、椭圆曲线公钥密码

4.1 对称密码

4.1.1 对称密码概述

经典密码一般将加密算法保密,而现代的对称加密技术则公开加密算法,加密算法的安全性只取决于密钥,不依赖于算法.现代对称密码分为两类:分组密码(block ciphers)和流密码(stream ciphers);分组密码也称为块密码,它是将信息分成一块(组),每次操作(如加密和解密)是针对一组而言;流密码也称序列密码,它是每次加密(或解密)一位或者一个字节.

一个对称密码系统可记为 $S=\{M,C,K,E,D\}$,其中,M,C,K,E,D 分别表示明文、密文、密钥、加密、解密.用密钥 K 对明文 M 加密表示为 $E_K(M)$;用密钥 K 对密文 C 解密表示为 $D_K(C)$.

加密:$C=E_K(M)$;

解密:$M=D_K(C)=D_K(E_K(M))$.

在对称密码系统体制中,加密解密密钥相同.

一个可实际应用的安全密码系统应该满足:

(1) 已知明文 M 和加密密钥 K 时,计算 $C=E_K(M)$ 容易;

(2) 加密算法必须足够安全,破译者在不知解密密钥 K 时,由密文 C 算出明文 M 不可行;

(3) 对称密码必须保证产生的密钥能安全地传送给对方;

(4) 对称密码系统的安全性只取决于密钥的保密,而不依赖于密码算法的保密.

4.1.2 分组密码 DES

DES 是美国国家标准局于 1977 年发布数据加密标准(Data Encryption Standard,DES),用于非军事的加密,由 IBM 的 Feistel 团队研发,是分组密码的典型代表,现代多数分组密码也是参考了 Feistel 密码结构,即分为左右两半的结构.

DES 同时使用了代换和置换两种加密方法,DES 加密的简略过程如图 4-1 所示.

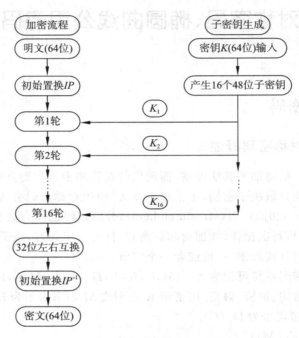

图 4-1 DES 加密算法流程图

DES 加密过程详细描述如下:

假设信息是由 {0,1} 组成的字符串,已被分成 64 位的块,置换 IP 是 56 位,加上奇偶校验位,也是 64 位,$m = m_1 m_2 m_3 \cdots m_{64}$,$IP = k_1 k_2 k_3 \cdots k_{64}$,这里 k_8,k_{16},k_{24},$\cdots$,k_{64} 是奇偶校验位.

$k_1 k_2 k_3 \cdots k_{64}$ 表示置换 $\begin{pmatrix} 1 & 2 & 3 & \cdots & 64 \\ k_1 & k_2 & k_3 & \cdots & k_{64} \end{pmatrix}$.

第一步,对 m 进行初始置换 IP(Initial Permutation,IP),$m \rightarrow IP(m)$.

例如,$IP = 58\ 50\ 42\ 34 \cdots 7$,前半是偶数,后半是奇数

$$58\quad 50\quad 42\quad 34\quad 26\quad 18\quad 10\quad 2$$
$$60\quad 52\quad 44\quad 36\quad 28\quad 20\quad 12\quad 4$$

$$
\begin{array}{cccccccc}
62 & 54 & 46 & 38 & 30 & 22 & 14 & 6 \\
64 & 56 & 48 & 40 & 32 & 24 & 16 & 8 \\
57 & 49 & 41 & 33 & 25 & 17 & 9 & 1 \\
59 & 51 & 43 & 35 & 27 & 19 & 11 & 3 \\
61 & 53 & 45 & 37 & 29 & 21 & 13 & 5 \\
63 & 55 & 47 & 39 & 31 & 23 & 15 & 7
\end{array}
$$

则 $IP(m) = m_{58} m_{50} m_{42} m_{34} \cdots m_7$.

第二步,将置换后数据 m 分成两部分:左半部分 L_0 和右半部分 R_0 各 32 位.划分方法的原则是偶数位移到左半部,奇数位移到右半部,即

$$
\begin{array}{lcccccccc}
L_0 = & m_{58} & m_{50} & m_{42} & m_{34} & m_{26} & m_{18} & m_{10} & m_2 \\
 & m_{60} & m_{52} & m_{44} & m_{36} & m_{28} & m_{20} & m_{12} & m_4 \\
 & m_{62} & m_{54} & m_{46} & m_{38} & m_{30} & m_{22} & m_{14} & m_6 \\
 & m_{64} & m_{56} & m_{48} & m_{40} & m_{32} & m_{24} & m_{16} & m_8 \\
R_0 = & m_{57} & m_{49} & m_{41} & m_{33} & m_{25} & m_{17} & m_9 & m_1 \\
 & m_{59} & m_{51} & m_{43} & m_{35} & m_{27} & m_{19} & m_{11} & m_3 \\
 & m_{61} & m_{53} & m_{45} & m_{37} & m_{29} & m_{21} & m_{13} & m_5 \\
 & m_{63} & m_{55} & m_{47} & m_{39} & m_{31} & m_{23} & m_{15} & m_7
\end{array}
$$

即将 $IP(m)$ 分成长度都是 32 位的 L_0 和 R_0.

令 $L_1 = R_0$,$R_1 = L_0 \oplus f(R_0, K_1)$,可表示为 $T_1(L_0, R_0) = (L_1, R_1)$.

一般地,

$$L_i = R_{i-1}, \quad R_i = L_{i-1} \oplus f(R_{i-1}, K_i),$$

这里,$\oplus$ 表示二元域按位的加法,即 $0 \oplus 0 = 0, 0 \oplus 1 = 1, 1 \oplus 0 = 1, 1 \oplus 1 = 0$;$f(R, K)$ 是一与子密钥 K 相关的将 01 串 R 映射成 32 位 01 串的映射;可表示为 $T_i(L_{i-1}, R_{i-1}) = (L_i, R_i)$,$i = 1, 2, \cdots, 16$,共 16 轮代换;

第三步,令 $S(L_{16}, R_{16}) = (R_{16}, L_{16})$,即左右互换,输出 64 位密文

$$C = IP^{-1}(S(L_{16}, R_{16})).$$

整个过程可表为 $C = IP^{-1}(S(T_{16}(T_{15}(\cdots T_2(T_1(IP(m)) \cdots)))))$.

DES 每轮结构

DES 的每轮结构如图 4-2 所示,描述如下:

上一轮的右边 R_{i-1} 直接变换为下一轮的左边 L_i,即 $L_i = R_{i-1}$;上一轮的左边 L_{i-1} 与加密函数 f 异或后作为下一轮的右边 R_i,即 $R_i = L_{i-1} \oplus f(R_{i-1}, K_i)$.

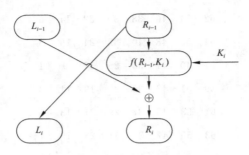

图 4-2 DES 每轮结构图

$f(R_{i-1}, K_i)$ 的算法：假设已产生 48 位子密钥 $K_i (i=1,2,\cdots,16)$，先用如图 4-3 所示扩展置换 E 将 R_{i-1} 扩展为 48 位.

32	1	2	3	4	5
4	5	6	7	8	9
8	9	10	11	12	13
12	13	14	15	16	17
16	17	18	19	20	21
20	21	22	23	24	25
24	25	26	27	28	29
28	29	30	31	32	1

图 4-3 扩展置换 E

例如，$R_{i-1}=m_1 m_2 m_3 \cdots m_{32}$，则 $E(R_{i-1})=m_{32} m_1 m_2 m_3 m_4 m_5 m_4 m_5 \cdots m_{32} m_1$，共 48 位.

再将 $E(R_{i-1}) \oplus K_i$ 分为 8 组，每组 6 位输入到对应的 S 盒；每个 S 盒输出 4 位，共 32 位，然后经置换 P 输出 32 位（如图 4-4 所示）.

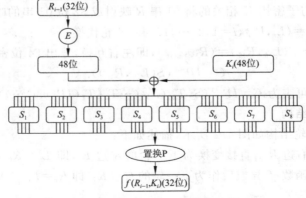

图 4-4 加密函数 f 的计算过程

8 个 S 盒是 DES 保密性的关键所在;S 盒是 DES 中唯一的非线性运算,描述如下:

S 盒有 6 位输入,4 位输出;每个 S 盒都由 4 行,表示为 (0,1,2,3) 和 16 列 (0,1,…,15) 组成,如图 4-5 所示.

对每个 S 盒,将 6 位输入的第一位和最后一位组成一个二进制数,用于选择 S 盒中的一行;用中间的 4 位选择 S 盒 16 列中的一列,行列交叉处的十进制数,转换为二进制就是 4 位输出值;每个 S 盒输出 4 位,经过 8 个 S 盒后共输出 32 位数据.

例如对于 S_1 盒而言,如果输入为 001111,则行是 01,即 S_1 盒的第 2 行,列 0111,十进制是 7,即 S_1 盒的第 8 列,该处的值是 1,转换为二进制数为 0001,即为 S_1 盒输出的 4 位.

S_1

14	4	13	1	2	15	11	8	3	10	6	12	5	9	0	7
0	15	7	4	14	2	13	1	10	6	12	11	9	5	3	8
4	1	14	8	13	6	2	11	15	12	9	7	3	10	5	0
15	12	8	2	4	9	1	7	5	11	3	14	10	0	6	13

S_2

15	1	8	14	6	11	3	4	9	7	2	13	12	0	5	10
3	13	4	7	15	2	8	14	12	0	1	10	6	9	11	5
0	14	7	11	10	4	13	1	5	8	12	6	9	3	2	15
13	8	10	1	3	15	4	2	11	6	7	12	0	5	14	9

S_3

10	0	9	14	6	3	15	5	1	13	12	7	11	4	2	8
13	7	0	9	3	4	6	10	2	8	5	14	12	11	15	1
13	6	4	9	8	15	3	0	11	1	2	12	5	10	14	7
1	10	13	0	6	9	8	7	4	15	14	3	11	5	2	12

S_4

7	13	14	3	0	6	9	10	1	2	8	5	11	12	4	15
13	8	11	5	6	15	0	3	4	7	2	12	1	10	14	9
10	6	9	0	12	11	7	13	15	1	3	14	5	2	8	4
3	15	0	6	10	1	13	8	9	4	5	11	12	7	2	14

S_5

2	12	4	1	7	10	11	6	8	5	3	15	13	0	14	9
14	11	2	12	4	7	13	1	5	0	15	10	3	9	8	6
4	2	1	11	10	13	7	8	15	9	12	5	6	3	0	14
11	8	12	7	1	14	2	13	6	15	0	9	10	4	5	3

S_6

12	1	10	15	9	2	6	8	0	13	3	4	14	7	5	11
10	15	4	2	7	12	9	5	6	1	13	14	0	11	3	8
9	14	15	5	2	8	12	3	7	0	4	10	1	13	11	6
4	3	2	12	9	5	15	10	11	14	1	7	6	0	8	13

S_7

4	11	2	14	15	0	8	13	3	12	9	7	5	10	6	1
13	0	11	7	4	9	1	10	14	3	5	12	2	15	8	6
1	4	11	13	12	3	7	14	10	15	6	8	0	5	9	2
6	11	13	8	1	4	10	7	9	5	0	15	14	2	3	12

S_8

13	2	8	4	6	15	11	1	10	9	3	14	5	0	12	7
1	15	13	8	10	3	7	4	12	5	6	11	0	14	9	2
7	11	4	1	9	12	14	2	0	6	10	13	15	3	5	8
2	1	14	7	4	10	8	13	15	12	9	0	3	5	6	11

图 4-5 8 个 S 盒

然后经置换 P 输出 32 位数据,见图 4-6.

16	7	20	21	29	12	28	17
1	15	23	26	5	18	31	10
2	8	24	14	32	27	3	9
19	13	30	6	22	11	4	25

图 4-6 置换 P

这个过程描述了加密函数 $f(R_{i-1},K_i)$ 是一与子密钥 K_i 相关的将 32 位映射成 32 位的映射;如果用 H 表示将 48 位压缩到 32 位的 8 个 S 盒的映射,表示出来就是:$f(R_{i-1},K_i)=P(H(E(R_{i-1})\oplus K_i))$;

$$T_i(L_{i-1},R_{i-1})=(R_{i-1},L_{i-1}\oplus P(H(E(R_{i-1})\oplus K_i)))$$

就是第 i 轮.经过 16 次迭代后,再交换左右 32 位,合并为 64 位作为输入,最后进行逆初始置换 IP^{-1} 输出密文.

逆初始置换 IP^{-1} 见图 4-7.解密过程根据加密表达式向前反推即可.主要不同是将密文作为算法的输入,第 1 轮使用子密钥 K_{16},第 2 轮使用子密钥 K_{15},最后一轮使用子密钥 K_1.

40	8	48	16	56	24	64	32
39	7	47	15	55	23	63	31
38	6	46	14	54	22	62	30
37	5	45	13	53	21	61	29
36	4	44	12	52	20	60	28
35	3	43	11	51	19	59	27
34	2	42	10	50	18	58	26
33	1	41	9	49	17	47	25

图 4-7 逆初始置换

DES 子密钥的产生

DES 加密过程共迭代 16 轮,每轮用一个不同的 48 位子密钥 K_i,子密钥由 56 位密钥产生,DES 算法的输入密钥长度是 64 位,每行的第 8 位主要用于奇偶校验,加密只用了其中的 56 位,如图 4-8 所示.

56 位密钥首先经过置换 PC-1 将其位置打乱重排,将前 28 位作为 C_0,如图 4-9 所示的上面部分,后 28 位作为 D_0,如图 4-9 所示的下面部分.

1	2	3	4	5	6	7	8
9	10	11	12	13	14	15	16
17	18	19	20	21	22	23	24
25	26	27	28	29	30	31	32
33	34	35	36	37	38	39	40
41	42	43	44	45	46	47	48
49	50	51	52	53	54	55	56
57	58	59	60	61	62	63	64

57	49	41	33	25	17	9
1	58	50	42	34	26	18
10	2	59	51	43	35	27
19	11	3	60	52	44	36
63	55	47	39	31	23	15
7	62	54	46	38	30	22
14	6	61	53	45	37	29
21	13	5	28	20	12	4

图 4-8　DES 的输入密码选择的范围　　　　　图 4-9　置换 PC-1

接下来如图 4-10 所示,经过 16 轮,产生 16 个子密钥.

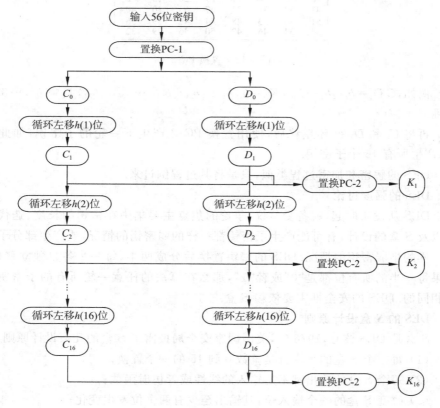

图 4-10　子密钥的产生过程

每一轮迭代中,C_{i-1} 和 D_{i-1} 循环左移 1 位或者 2 位,如图 4-11 所示.

迭代次数	1	2	3	4	5	6	7	8	9	10	11	12	13	14	15	16
移位次数	1	1	2	2	2	2	2	2	1	2	2	2	2	2	2	1

图 4-11 每轮左移位次数

C_{i-1} 和 D_{i-1} 循环左移后变为 C_i 和 D_i,将 C_i 和 D_i 合在一起的 56 位,经过图 4-12 所示置换 PC-2,从中挑出 48 位作为这一轮的子密钥.

14	17	11	24	1	5	3	28
15	6	21	10	23	19	12	4
26	8	16	7	27	20	13	2
41	52	31	37	47	55	30	40
51	45	33	48	44	49	39	56
34	53	46	42	50	36	29	32

图 4-12 置换 PC-2

例如,$C_iD_i = b_1b_2b_3\cdots b_{56}$,$K_i = b_{14}b_{17}b_{11}b_{24}b_1b_5b_3\cdots b_{36}b_{29}b_{32}$,其中 $b_9,\cdots 8$ 位没挑.

再将 C_i 和 D_i 循环左移后,使用置换 PC-2 产生下一轮的子密钥,如此继续,产生所有 16 个子密钥.

DES 的解密和加密过程类似,只是将其过程倒过来.

DES 的强度讨论

DES 从发布时起,就备受争议,争论的焦点主要集中在密钥的长度、迭代次数以及 S 盒的设计,有可能产生子密钥都一样的弱密钥的情况,或产生部分子密钥一样的半弱密钥的情况. DES 的密钥置换后分成两半,每一半各自独立移位. 如果每一半的所有位都是"0"或者"1",那么在算法的任意一轮所有的子密钥都是相同的. DES 的安全性主要依赖 S 盒.

DES 的 S 盒设计原则

S 盒是 DES 核心,1976 年,美国国家安全局披露了 S 盒的几条设计原则:

(1) 每一个 S 盒的每一行是整数 0 到 15 的一个置换;

(2) 每个 S 盒的输出都不是输入的线性或者仿射函数;

(3) 改变 S 盒的一个输入位,其输出至少有两个位发生变化;

(4) 对于 S 盒和任何输入 x,$S(x)$ 和 $S(x\oplus 001100)$ 至少有 2 个位不同,其中 x 的长度为 6 位;

(5) 对于 S 盒和任何输入 x,以及 $e,f\in\{0,1\}$,$S(x)\neq S(x\oplus 11ef00)$,其中 x 的长度为 6 位;

(6) 当 S 盒的任一输入位保持不变,其他 5 位输入变化时,输出数字中的 0 和 1 的总数接近相等.

S 盒设计详细标准至今没有公开,但分析表明 S 盒是被设计成能够防止差分密码分析,所谓差分密码分析的基本思想是:通过分析特定明文对的差与相对应的密文对的差的影响来获取密钥. DES 是将 Lucifer 算法作为标准,Lucifer 算法的密钥长度为 128 位,但 DES 将密钥长度改为 56 位,有 $2^{56} \approx 7.2 \times 10^{16}$ 个可能密钥,若以每秒搜索 100 万个密钥计算,须 2282 年,1998 年电子边境基金会(EFF)通过互联网上的 10 万台计算机合作,仅用 22 小时 15 分找到了 56 位的 DES 密钥;这说明 DES 不足以抵抗并行穷尽密钥搜索攻击. 除了穷举攻击外,DES 也不足以抵抗差分密码分析和线性密码分析[1].

由于 DES 存在安全问题,美国政府于 1998 年 12 月宣布了作为美国联邦新的加密标准 AES,译成中文就是高级加密标准.

习题 4.1

对于 S_2 盒而言,如果输入为 010111,则行是_____,列是_____,即 S_2 盒的第_____列,该处的值是_____,转换为二进制数为_____,即为 S 盒的输出 4 位数据.

4.2 高级加密标准 AES

高级加密标准(Advanced Encryption Standards,AES)是分组长度为 128 位的对称分组密码,密钥长度支持 128 位、192 位、256 位. 美国国家技术研究所(National Institute of Standards and Technology,NIST)在 1997 年公开征集的新加密标准,评估准则是:安全性、计算效率、算法的灵活性、简洁性以及硬件与软件平台的适应性等方面;NIST 共收到 21 个提交的算法,在从中遴选出 5 个候选算法,最终 Rijndael 算法于 2000 年 10 月被选为高级加密标准.

5 个候选算法是:

(1) MARS(IBM 公司的团队研发),对它的评价是算法复杂、速度快、安全性高;

(2) RC6(RSA 实验室研发),对它的评价是极简单、速度极快、安全性较低;

(3) Rijndael(比利时 Joan Daemen 和 Vincent Rijmen 研发),对它的评价是算法简洁、速度快、安全性好;

（4）Serpent（Ross Anderson，Eli Biham 和 Lars Knudsen 研发），对它的评价是算法简洁、速度慢、安全性极高；

（5）Twofish（Counterpane 公司的团队研发），对它的评价是算法复杂、速度极快、安全性高.

这些评估是当时的结果,安全性、计算效率、算法的灵活性、简洁性也是相对而言的,因此,这些算法对于分组密码的设计与研究仍然具有参考意义.

4.2.1　AES 中的基本算法

先介绍 AES 中的一些基本运算方法. AES 算法中有些是以字节为单位进行运算,也有的是以 4 个字节（即一个字）为单位的,AES 将一个字节看作是在有限域 $GF(2^8)$ 上的一个元素,一个字看成系数是 $GF(2^8)$ 上且次数小于 4 的多项式.

多项式的加法是同次项系数的模 2 相加,如

$$(x^6+x^4+x^2+x+1)+(x^7+x+1)=x^7+x^6+x^4+x^2,$$

二进制记法为

$$(01010111)\oplus(10000011)=(11010100),$$

十六进制记法为

$$\{57\}\oplus\{83\}=\{d4\}.$$

$GF(2^8)$ 上的乘法记为 · 再将多项式的乘积模不可约多项式 $m(x)=x^8+x^4+x^3+x+1$.

用十六进制表示该不可约多项式为 $\{01\}\{1b\}$.

例如,$\{57\}\cdot\{83\}=\{c1\}$,因为

$$(x^6+x^4+x^2+x+1)(x^7+x+1)$$
$$=x^{13}+x^{11}+x^9+x^8+x^7+x^7+x^5+x^3+x^2+x+x^6+x^4+x^2+x+1$$
$$=x^{13}+x^{11}+x^9+x^8+x^6+x^5+x^4+x^3+1,$$
$$x^{13}+x^{11}+x^9+x^8+x^6+x^5+x^4+x^3+1\equiv x^7+x^6+1(\mathrm{mod}m(x)).$$

所得结果是次数小于 8 的多项式,可用一个字节表示.

在 AES 中的倍乘函数 $x\mathrm{time}(b(x))$ 是用多项式 x 乘 $b(x)$ 后再模 $m(x)$,即

$$x\mathrm{time}(b(x))\equiv xb(x)(\mathrm{mod}(m(x))).$$

设 $b(x)=b_7x^7+b_6x^6+b_5x^5+b_4x^4+b_3x^3+b_2x^2+b_1x+b_0$,则

$$xb(x)=b_7x^8+b_6x^7+b_5x^6+b_4x^5+b_3x^4+b_2x^3+b_1x^2+b_0x.$$

如果 $b_7=0$,则该结果已经是取模后余式,即

$$xb(x)=b_6x^7+b_5x^6+b_4x^5+b_3x^4+b_2x^3+b_1x^2+b_0x;$$

如果 $b_7=1$，则 $x\mathrm{time}(b(x))=xb(x)-m(x)=xb(x)+m(x)$，可通过字节 $(1b_6b_5b_4b_3b_2b_1b_0)$ 向左移一位，得到 $(1b_6b_5b_4b_3b_2b_1b_00)$，再与 (100011011) 按位相加（异或），去掉最前面的 0，得到一个 8 位的数即为结果.

例如 $\{57\}\cdot\{02\}=x\mathrm{time}(\{57\})$，$x=\{02\}$. 因为乘了 x 后，还未达到 $m(x)$ 的次数，

(01010111) 向左移一位 $\rightarrow(010101110)$ 首位 0 去掉 $\rightarrow(10101110)=\{\mathrm{ae}\}$；

$\{57\}\cdot\{04\}=x\mathrm{time}(\{\mathrm{ae}\})$，$x=\{02\}$，$(10101110)$ 向 左 移 一 位 $\rightarrow$ (101011100) 首位是 1，与 (100011011) 相加并去掉首位 $\rightarrow$

$$(101011100)$$
$$\oplus(100011011)$$
$$\overline{}$$
$$(01000111)$$

$\{57\}\cdot\{04\}=x\mathrm{time}(\{\mathrm{ae}\})=(01000111)=\{47\}$；

$\{57\}\cdot\{08\}=x\mathrm{time}(\{47\})=\{8\mathrm{e}\}$；

$\{57\}\cdot\{10\}=x\mathrm{time}(\{8\mathrm{e}\})=\{07\}$；（十六进制 $10=$ 十进制 16）；

$\{57\}\cdot\{13\}=\{57\}\cdot(\{01\}\oplus\{02\}\oplus\{10\})=\{57\}\oplus\{\mathrm{ae}\}\oplus\{07\}=\{\mathrm{fe}\}$.

AES 中的字运算：AES 中 32 位字用 $\mathrm{GF}(2^8)$ 上次数小于 4 的多项式表示；即 (a_3,a_2,a_1,a_0) 用 $a(x)=a_3x^3+a_2x^2+a_1x+a_0$ 表示；令 $b(x)=b_3x^3+b_2x^2+b_1x+b_0$.

加法是对 x 同次项进行相加，$a(x)+b(x)=(a_3\oplus b_3)x^3+(a_2\oplus b_2)x^2+(a_1\oplus b_1)x+(a_0\oplus b_0)$；

乘法为 $c(x)=a(x)\cdot b(x)(\mathrm{mod}(x^4+1))$.

注意，这里系数是有限域的元，即是字节（bytes）而不是位（bits）；另外，该 4 项多项式的乘法不同于前面的模多项式乘法. 乘法要用两步完成：

第一步，相乘：$c(x)=a(x)\cdot b(x)=c_6x^6+c_5x^5+c_4x^4+c_3x^3+c_2x^2+c_1x+c_0$，其中

$$c_6=a_3\cdot b_3,$$
$$c_5=a_3\cdot b_2\oplus a_2\cdot b_3,$$
$$c_4=a_3\cdot b_1\oplus a_2\cdot b_2\oplus a_1\cdot b_3,$$
$$c_3=a_3\cdot b_0\oplus a_2\cdot b_1\oplus a_1\cdot b_2\oplus a_0\cdot b_3,$$
$$c_2=a_2\cdot b_0\oplus a_1\cdot b_1\oplus a_0\cdot b_2,$$
$$c_1=a_1\cdot b_0\oplus a_0\cdot b_1,$$
$$c_0=a_0\cdot b_0.$$

乘法的第二步是模 x^4+1，化为次数小于 4 的多项式

$$d(x) \equiv c(x) (\mathrm{mod}(x^4+1)).$$

设 $j=4k+i, x^j=x^{4k+i} \equiv x^i(\mathrm{mod}(x^4+1))$，所以

$$d(x)=d_3 x^3+d_2 x^2+d_1 x+d_0=c_3 x^3+(c_2+c_6) x^2+(c_1+c_5) x+(c_0+c_4),$$

即

$$d_0=a_0 \cdot b_0 \oplus a_3 \cdot b_1 \oplus a_2 \cdot b_2 \oplus a_1 \cdot b_3,$$
$$d_1=a_1 \cdot b_0 \oplus a_0 \cdot b_1 \oplus a_3 \cdot b_2 \oplus a_2 \cdot b_3,$$
$$d_2=a_2 \cdot b_0 \oplus a_1 \cdot b_1 \oplus a_0 \cdot b_2 \oplus a_3 \cdot b_3,$$
$$d_3=a_3 \cdot b_0 \oplus a_2 \cdot b_1 \oplus a_1 \cdot b_2 \oplus a_0 \cdot b_3.$$

上面等式中的运算可以用矩阵形式表示为

$$\begin{pmatrix} d_0 \\ d_1 \\ d_2 \\ d_3 \end{pmatrix} = \begin{pmatrix} a_0 & a_3 & a_2 & a_1 \\ a_1 & a_0 & a_3 & a_2 \\ a_2 & a_1 & a_0 & a_3 \\ a_3 & a_2 & a_1 & a_0 \end{pmatrix} \begin{pmatrix} b_0 \\ b_1 \\ b_2 \\ b_3 \end{pmatrix}.$$

由于 x^4+1 不是 $\mathrm{GF}(2^8)$ 上的不可约多项式，因此与一个 4 次多项式相乘的乘法不一定可逆，但在 AES 中选择了一个固定的有逆元的 4 项多项式 $a(x)$，只需 $(a(x), x^4+1)=1$，则 $a(x)$ 关于模 x^4+1 可逆，因此上面的矩阵可逆，从而按照上面的乘法运算也就有逆元.

在 AES 中，分组长度是 128 位；而在 Rijndael 算法中，分组长度和密钥长度分别可以是 128 位、192 位、256 位，也就是说，如果 AES 遇到了密钥长度挑战，可以立刻升级.

AES 算法中基本运算单位是字节，即 8 位序列为一个整体. 如果分组长度和密钥长度都为 128 位（16 个字节），字节数组为：$a_0 a_1 a_2 \cdots a_{15}$，排列成图 4-13 (a)中的 4 行 4 列矩阵；如果密钥长度为 192 位（24 个字节）时，组成的矩阵行数是 4，但列数为 6，如图 4-13(b)所示；密钥长度为 256 位（32 个字节）时，组成的矩阵行数还是 4，但列数为 8，如图 4-13(c)所示.

a_0	a_4	a_8	a_{12}
a_1	a_5	a_9	a_{13}
a_2	a_6	a_{10}	a_{14}
a_3	a_7	a_{11}	a_{15}

(a)

a_0	a_4	a_8	a_{12}	a_{16}	a_{20}
a_1	a_5	a_9	a_{13}	a_{17}	a_{21}
a_2	a_6	a_{10}	a_{14}	a_{18}	a_{22}
a_3	a_7	a_{11}	a_{15}	a_{19}	a_{23}

(b)

a_0	a_4	a_8	a_{12}	a_{16}	a_{20}	a_{24}	a_{28}
a_1	a_5	a_9	a_{13}	a_{17}	a_{21}	a_{25}	a_{29}
a_2	a_6	a_{10}	a_{14}	a_{18}	a_{22}	a_{26}	a_{30}
a_3	a_7	a_{11}	a_{15}	a_{19}	a_{23}	a_{27}	a_{31}

(c)

图 4-13　不同密钥长度下的运算矩阵

这些矩阵有 4 行,分组的列数记为 Nb,$Nb=$ 分组长度(bits)$\div 32$(bits). 显然 Nb 可以取的值为 4,6 和 8,分别对应的分组长度为 128 位、192 位和 256 位. 类似地密钥的列数记为 Nk,$Nk=$ 密钥长度(bits)$\div 32$(bits). Nk 可以取的值为 4,6 和 8,对应的密钥长度分别为 128 位、192 位和 256 位.

密码运算的中间结果都是以上面的矩阵形式表示,密码运算的中间结果称之为状态(state)数组. AES 算法的运行过程是将需要加密的分组从一个状态转换为另一个状态,最后该数组被复制到输出矩阵中,如图 4-14 所示的状态矩阵中.

图 4-14   状态矩阵的输入和输出

状态矩阵中每一列的四个字节可以看作一个 32-bit 字,用行号 r 作为每一个字中四个字节的索引;状态可以看作列表示的 32-bit 字的一维数组,用列号 c 表示该数组的索引.

AES 密码是一种迭代式密码结构,但不是 DES 那种 Feistel 密码结构; Rijndael 算法迭代的轮数与分组长度和密钥长度相关,AES 算法迭代的轮数依赖于密钥长度;令 Nr 表示轮数,当密钥列数 $Nk=4$ 时,$Nr=10$;当 $Nk=6$ 时, $Nr=12$;当 $Nk=8$ 时,$Nr=14$. 当分组长度和密钥长度均为 128 位时,AES 共迭代 10 轮,需要 11 个子密钥,其加密过程如图 4-15 所示,前面 9 轮完全相同,每轮包括 4 阶段,分别是字节替换(byte substitution)、行移位(shift rows)、列混合(mix columns)和轮密钥加(add round key),最后一轮只 3 个阶段,不含列混合.

4.2.2　AES 的加密过程

AES 的加密过程如图 4-15,主要有以下 4 种变换.

(1)**轮密钥加**就是把 128 位的 state(中间状态)按位与 128 位的轮密钥按位对应相加(异或),如图 4-16 所示.

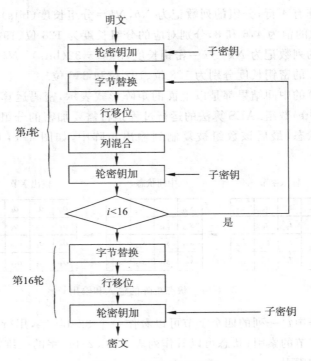

图 4-15 AES 加密过程

图 4-16 轮密钥加

例如 {47}⊕{AC}=(01000111)⊕(10101100)=(11101011)={EB}.

注意,位的加法 1⊕1=0,不进位;最初 state 是明文.

(2) **字节替换**是一个非线性的代换,是将状态中的每个字节利用 S 盒进行运算;S 盒是由 16×16 个字节组成的矩阵,包含了 8 位值所能表达的 256 种可能的变换;state 中的每个字节通过 S 盒被映射为一个新的字节:将该字节的高 4 位作为行值,低 4 位作为列值,然后取出 S 盒中对应行列交叉处的元素作为输出. S 盒被设计成能够抵挡所有已知的攻击,如图 4-17 所示.

例如,十六进制{95},在图 4-17 对应的 S 盒的行值是 9,列值是 5,S 盒中此处的值是{2A},因此{95}被映射为{2A}.

x＼y	0	1	2	3	4	5	6	7	8	9	A	B	C	D	E	F
0	63	7C	77	7B	F2	6B	6F	C5	30	01	67	2B	FE	D7	AB	76
1	CA	82	C9	7D	FA	59	47	F0	AD	D4	A2	AF	9C	A4	72	C0
2	B7	FD	93	26	36	3F	F7	CC	34	A5	E5	F1	71	D8	31	15
3	04	C7	23	C3	18	96	05	9A	07	12	80	E2	EB	27	B2	75
4	09	83	2C	1A	1B	6E	5A	A0	52	3B	D6	B3	29	E3	2F	84
5	53	D1	00	ED	20	FC	B1	5B	6A	CB	BE	39	4A	4C	58	CF
6	D0	EF	AA	FB	43	4D	33	85	45	F9	02	7F	50	3C	9F	A8
7	51	A3	40	8F	92	9D	38	F5	BC	B6	DA	21	10	FF	F3	D2
8	CD	0C	13	EC	5F	97	44	17	C4	A7	7E	3D	64	5D	19	73
9	60	81	4F	DC	22	2A	90	88	46	EE	B8	14	DE	5E	0B	DB
A	E0	32	3A	0A	49	06	24	5C	C2	D3	AC	62	91	95	E4	79
B	E7	C8	37	6D	8D	D5	4E	A9	6C	56	F4	EA	65	7A	AE	08
C	BA	78	25	2E	1C	A6	B4	C6	E8	DD	74	1F	4B	BD	8B	8A
D	70	3E	B5	66	48	03	F6	0E	61	35	57	B9	86	C1	1D	9E
E	E1	F8	98	11	69	D9	8E	94	9B	1E	87	E9	CE	55	28	DF
F	8C	A1	89	0D	BF	E6	42	68	41	99	2D	0F	B0	54	BB	16

图 4-17 AES 的 S 盒

图 4-18 是一个字节替换的例子.

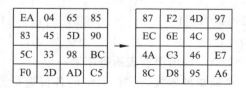

图 4-18 字节替换

S 盒的构造方法:

① 逐行按照上升排列的方式初始化 S 盒,第一行是{00},{01},…,{0F};第二行是{10},{11},…,{1F}等,因此在 x 行 y 列的字节值是{xy};

② 把 S 盒中的每个字节映射为它在 $\mathrm{GF}(2^8)$ 上的乘法逆,{00}映射到它自身{00};

③ 把 S 盒中的每个字节表示为 $(b_7b_6b_5b_4b_3b_2b_1b_0)$8 位,对 S 盒中的每个字节中的每位做如下变换:$b_i' = b_i \oplus b_{i+4} \oplus b_{i+5} \oplus b_{i+6} \oplus b_{i+7} \oplus c_i$,其中,下标是 $i+k$ 模 8 的余数,c_i 是字节 $c=\{63\}=(01100011)$ 的第 i 位.

b' 表示该变量 b 代换后的值，S 盒的变换如下：

$$
\begin{pmatrix} b'_0 \\ b'_1 \\ b'_2 \\ b'_3 \\ b'_4 \\ b'_5 \\ b'_6 \\ b'_7 \end{pmatrix} = \begin{pmatrix} 1&0&0&0&1&1&1&1 \\ 1&1&0&0&0&1&1&1 \\ 1&1&1&0&0&0&1&1 \\ 1&1&1&1&0&0&0&1 \\ 1&1&1&1&1&0&0&0 \\ 0&1&1&1&1&1&0&0 \\ 0&0&1&1&1&1&1&0 \\ 0&0&0&1&1&1&1&1 \end{pmatrix} \begin{pmatrix} b_0 \\ b_1 \\ b_2 \\ b_3 \\ b_4 \\ b_5 \\ b_6 \\ b_7 \end{pmatrix} \oplus \begin{pmatrix} 1 \\ 1 \\ 0 \\ 0 \\ 0 \\ 1 \\ 1 \\ 0 \end{pmatrix}
$$

如用 $\{95\}=(10010101)$ 作为输入，可以计算出 $\{95\}$ 在 $GF(2^8)$ 上的逆为 $\{8A\}=(10001010)$，代入上述变换有

$$
\begin{pmatrix} 1&0&0&0&1&1&1&1 \\ 1&1&0&0&0&1&1&1 \\ 1&1&1&0&0&0&1&1 \\ 1&1&1&1&0&0&0&1 \\ 1&1&1&1&1&0&0&0 \\ 0&1&1&1&1&1&0&0 \\ 0&0&1&1&1&1&1&0 \\ 0&0&0&1&1&1&1&1 \end{pmatrix} \begin{pmatrix} 0 \\ 1 \\ 0 \\ 1 \\ 0 \\ 0 \\ 0 \\ 1 \end{pmatrix} \oplus \begin{pmatrix} 1 \\ 1 \\ 0 \\ 0 \\ 0 \\ 1 \\ 1 \\ 0 \end{pmatrix} = \begin{pmatrix} 1 \\ 0 \\ 0 \\ 1 \\ 0 \\ 1 \\ 1 \\ 0 \end{pmatrix} \oplus \begin{pmatrix} 1 \\ 1 \\ 0 \\ 0 \\ 0 \\ 1 \\ 1 \\ 0 \end{pmatrix} = \begin{pmatrix} 0 \\ 1 \\ 0 \\ 1 \\ 0 \\ 0 \\ 0 \\ 0 \end{pmatrix},
$$

结果为 $(00101010)=\{2A\}$，与前面查表所得结果一致.

（3）**行移位**是一个简单的置换，是对 state 的各行进行循环左移位；state 的第一行保持不变，第二行循环左移一个字节，第三行循环左移两个字节，第四行循环左移三个字节，如图 4-19 所示.

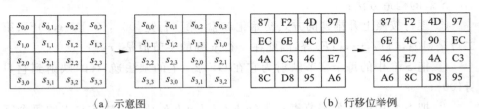

（a）示意图   （b）行移位举例

图 4-19 行移位

（4）**列混合**变换在 state 上按照每一列 c（c 列是一个字，$0 \leqslant c < Nb$）进行运算，将每一列看作 4 项多项式，即将 state 的列看作 $GF(2^8)$ 上的多项式且与多项式

$$a(x) = \{03\}x^3 + \{01\}x^2 + \{01\}x + \{02\}$$

相乘后模 $x^4 + 1$.

列混合可以写成矩阵的乘法,与列向量的线性变换一样. 令 $s'(x) = a(x) \otimes s(x)$,则

$$\begin{bmatrix} s'_{0,c} \\ s'_{1,c} \\ s'_{2,c} \\ s'_{3,c} \end{bmatrix} = \begin{bmatrix} 02 & 03 & 01 & 01 \\ 01 & 02 & 03 & 01 \\ 01 & 01 & 02 & 03 \\ 03 & 01 & 01 & 02 \end{bmatrix} \begin{bmatrix} s_{0,c} \\ s_{1,c} \\ s_{2,c} \\ s_{3,c} \end{bmatrix}.$$

上式相当于

$$s'_{0,c} = (\{02\} \cdot s_{0,c}) \oplus (\{03\} \cdot s_{1,c}) \oplus s_2, c \oplus s_{3,c},$$
$$s'_{1,c} = s_{0,c} \oplus (\{02\} \cdot s_{1,c}) \oplus (\{03\} \cdot s_{2,c}) \oplus s_{3,c},$$
$$s'_{2,c} = s_{0,c} \oplus s_{1,c} \oplus (\{02\} \cdot s_{2,c}) \oplus (\{03\} \cdot s_{3,c}),$$
$$s'_{3,c} = (\{03\} \cdot s_{0,c}) \oplus s_{1,c} \oplus s_{2,c} \oplus (\{02\} \cdot s_{3,c}).$$

列混合计算过程如图 4-20 所示.

$$\begin{pmatrix} 02 & 03 & 01 & 01 \\ 01 & 02 & 03 & 01 \\ 01 & 01 & 02 & 03 \\ 03 & 01 & 01 & 02 \end{pmatrix} \quad \begin{array}{|cccc|} \hline 87 & F2 & 4D & 97 \\ 6E & 4C & 90 & EC \\ 46 & E7 & 4A & C3 \\ A6 & 8C & D8 & 95 \\ \hline \end{array} \longrightarrow \begin{array}{|cccc|} \hline 47 & 40 & A3 & 4C \\ 37 & D4 & 70 & 9F \\ 94 & E4 & 3A & 42 \\ ED & A5 & A6 & BC \\ \hline \end{array}$$

图 4-20　列混合举例

具体计算过程如下:

$47 = (02 \cdot 87) \oplus (03 \cdot 6E) \oplus (01 \cdot 46) \oplus (01 \cdot A6)$,其中

$02 \cdot 87 = 02 \cdot 10000111_B = 00001110_B \oplus 00011011_B = 00010101_B = 15$;

$03 \cdot 6E = (01 \oplus 02) \cdot 6E = (01 \cdot 6E) \oplus (02 \cdot 6E)$
$\qquad = 01101110_B \oplus (11011100_B) = 10110010_B = B2$;

$01 \cdot 46 = 46, 01 \cdot A6 = A6, 15 \oplus B2 \oplus 46 \oplus A6 = 47.$

4.2.3　AES 的密钥扩展

当分组长度和密钥长度都是 128 位时,AES 的加密算法共迭代 10 轮,加上第 1 轮,需要 11 个子密钥. AES 采用的方法是将输入的 128 位密钥扩展成 11 个 128 位的子密钥,该算法是以字为一个基本单位,一个字等于 4 个字节,共 32 位,刚好是密钥矩阵的一列,因此 4 个字(128 位)密钥需要扩展成 11 个子密钥,

共 44 个字.表示为 $w[0],w[1],w[2],\cdots,w[43]$,若 Nr 表示加密轮数,那么密钥扩展总共生成 $Nb(Nr+1)$ 个字,这里 $Nb=$ 行数;由输入密钥生成各轮密钥,称为密钥扩展.轮密钥选取按 4 个一组,如图 4-21 所示.

w_0	w_1	w_2	w_3	w_4	w_5	w_6	w_7	w_8	w_9	w_{10}	w_{11}	w_{12}	...
轮密钥0				轮密钥1				轮密钥2					

图 4-21 轮密钥选取

当密钥为 128 位时,密钥的列 $Nk=4$,密钥扩展过程如下:

(1)将输入密钥直接复制到扩展密钥数组的前 4 个字中,得到 $w[0],w[1]$,$w[2],w[3]$;

(2)然后每次用 4 个字填充扩展密钥数组 w 的余下部分,设 $i \geqslant 4$;

当数组 w 下标 i 不是 4 的倍数时,$w[i]=w[i-1] \oplus w[i-4]$;

当数组 w 下标 i 为 4 的倍数时,按照下面方法计算:

① 将一个字的四个字节循环左移一个字节,即将输入字 $[b_0,b_1,b_2,b_3]$ 变为 $[b_1,b_2,b_3,b_0]$;

② 用 S 盒对输入字的每个字节进行字节替换;

③ 将步骤①和步骤②的结果再与轮常数 $Rcon[i]$ 相加(异或).

轮常数 $Rcon[i]$ 是一个字,这个字的最右边三个字节总是 0,因此与轮常数的一个字异或,其结果是与该字最左边的字节相异或.

每轮的轮常数均不同,其定义为 $Rcon[i]=(RC[i],\{00\},\{00\},\{00\})$,其中 $RC[1]=\{01\}$,$RC[i]=\{02\} \cdot (RC[i-1])$,用多项式表示为 $RC[i]=x \cdot (RC[i-1])=x^{i-1}$,$i \geqslant 2$.字用 16 进制表示,同时理解为 $GF(2^8)$ 上的元素,x^{i-1} 为 $GF(2^8)$ 中的多项式 x 的 $i-1$ 次方所对应的字节;考虑到 x 对应的字节为 $\{02\}$,轮常数也可以写为:$Rcon[i]=(\{02\}^{i-1},\{00\},\{00\},\{00\})$.

前 10 个轮常数 $RC[i]$ 的值和对应的 $Rcon[i]$ 的值,如表 4-1 所示.这里第二行 $RC[i]$ 的值 10 十进制为 16.

表 4-1 $RC[i]$ 和 $Rcon[i]$

i	1	2	3	4	5	6	7	8	9	10
$RC[i]$	01	02	04	08	10	20	40	80	1B	36
$Rcon[i]$	01000000	02000000	04000000	08000000	10000000	20000000	40000000	80000000	1B000000	36000000

4.2.4 AES 解密算法

AES 解密算法是 AES 加密算法的逆变换；AES 解密算法与加密不同，基本运算中除了 AddRoundKey(轮密钥加)不变外，其余的都需要进行逆变换，即逆字节替换(InvSubBytes)、逆行移位(InvShiftRows)、逆列混合(InvMixColumns).

解密算法和加密算法轮结构的顺序不同，但是加密和解密算法中的密钥编排形式相同；在加密过程中，其轮结构是字节替换、行移位、列混合和轮密钥加. 在解密过程中，其轮结构是轮密钥加、逆列混合、逆行移位和逆字节替换.

对同时要求加密和解密的应用而言，需要两个不同的软件或者固件模块. 可构造一个等价的解密算法，由逆向变换取代原来的变换，交换逆字节替换和逆行移位，交换轮密钥加和逆列混合. 使得解密时各个变换的操作顺序与加密相同. 这样，在一个模块中就可以实现加密和解密.

4.2.5 AES 的安全性

AES 设计的各个方面都使它具有能够抵抗所有已知攻击的能力；AES 的轮函数设计是针对差分密码分析和线性密码分析制定的，这种策略称为基于宽轨迹策略(Wide Trail strategy)，宽轨迹策略的最大优点是可以评估算法抵抗差分密码分析和线性密码分析的能力；AES 的密钥长度也足以抵抗穷举密钥攻击；AES 算法对密钥的选择没有任何限制，还没有发现弱密钥和半弱密的存在.

分组密码除 DES，AES 外，还有 SM4，RC6，CTC 等分组密码.

习题 4.2

假设 AES 的 state 矩阵的列，分别是 $s_{0,0} = \{87\}$，$s_{1,0} = \{6E\}$，$s_{2,0} = \{46\}$，$s_{3,0} = \{A6\}$，验证，经过列混合后，$s_{1,0} = \{6E\}$ 被映射为 $s'_{1,0} = \{37\}$.

*4.3 中国商用密码算法 SM4

SM4[8,9] 于 2006 年 1 月公布，是用于无线局域网和可信计算系统的专用分组密码算法，该算法的分组长度为 128 位，密钥长度为 128 位，是一种 32 轮的迭代非平衡 Feistel 结构的分组加密算法. SM4 算法是中国制定 WAPI(Wireless LAN Authentication and Privacy Infrastructure)标准的组成部分同时也是中国无线局域网安全强制性标准，同时也可以用于其他环境下的数据加密保护. 该算法在国内被广泛使用.

SM4 加密过程

加密过程如图 4-22 所示.SM4 分组长度和密钥长度为 128 位,数据处理单位为字(32 位)和字节(8 位),密码算法采用非对称的 Feistel 结构,基本思路是:128 位明文分为 4 个 32 位的字,一边 1 个字,另一边 3 个字,经过 32 轮迭代变换,再将 4 个字反序变化后,得到 128 位密文.

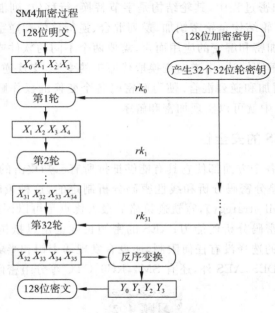

图 4-22 SM4 加密过程

SM4 每轮结构

4 个 32 位的字记为 $X_{i-1}, X_i, X_{i+1}, X_{i+2}$ 作为第 i 轮输入,$X_i, X_{i+1}, X_{i+2},$ X_{i+3} 为第 i 轮输出,这里,

$$X_{i+3} = f(X_{i-1}, X_i, X_{i+1}, X_{i+2}) = X_{i-1} \oplus T(X_i \oplus X_{i+1} \oplus X_{i+2} \oplus rk_{i-1}),$$

其中 f 是轮函数,T 为一可逆变换,rk_{i-1} 为第 i 轮轮密钥,32 轮输出 $X_{32}, X_{33},$ X_{34}, X_{35},再做反序变换 R:$R(X_{32}, X_{33}, X_{34}, X_{35}) = (X_{35}, X_{34}, X_{33}, X_{32})$.得到最终密文,如图 4-23 所示.

可逆变换 T 为 S 盒计算的非线性变换 τ 和线性变换 L 合成,又称为**合成置换**.τ 对输入 32 位字 4 个字节 $A = X_i \oplus X_{i+1} \oplus X_{i+2} \oplus rk_{i-1}$ 表示为 a_0, a_1, a_2, a_3,分别用 4 个 S 盒进行代换,S 盒为固定的 8 位输入 8 位输出的置换,数据用十六

进制表示,以输入的前半字节为行号,后半字节为列号,行列交叉点出的数据即为输出.例如,输入 7c,则输出为图 4-24 中 S 盒表的第 7 行 c 列的值 a0. τ 输出的结果拼起来是 32 位,记作 B.

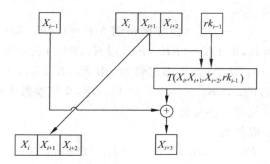

图 4-23   SM4 每轮的结构

	0	1	2	3	4	5	6	7	8	9	a	b	c	d	e	f
0	d6	90	e9	fe	cc	e1	3d	b7	16	b6	14	c2	28	fb	2c	05
1	2b	67	9a	76	2a	be	04	c3	aa	44	13	26	49	86	06	99
2	9c	42	50	f4	91	ef	98	7a	33	54	0b	43	ed	ef	ac	62
3	e4	b3	1c	a9	c9	08	e8	95	80	df	94	fa	75	8f	3f	a6
4	47	07	a7	fc	f3	73	17	ba	83	59	3c	19	e6	85	4f	a8
5	68	6b	81	b2	71	64	da	8b	f8	eb	0f	4b	70	56	9d	35
6	1e	24	0e	5e	63	58	d1	a2	25	22	7c	3b	01	21	78	87
7	d4	00	46	57	9f	d3	27	52	4c	36	02	e7	a0	c4	c8	9e
8	ea	bf	8a	d2	40	c7	38	b5	a3	f7	f2	ce	f9	61	15	a1
9	e0	ae	5d	a4	9b	34	1a	55	ad	93	32	30	f5	8c	b1	e3
a	1d	f6	e2	2e	82	66	ca	60	c0	29	23	ab	0d	53	4e	6f
b	d5	db	37	45	de	fd	8e	2f	03	ff	6a	72	6d	6c	5b	51
c	8d	1b	af	92	bb	dd	bc	7f	11	d9	5c	41	1f	10	5a	d8
d	0a	c1	31	88	a5	cd	7b	bd	2d	74	d0	12	b8	e5	b4	b0
e	89	69	97	4a	0c	96	77	7e	65	b9	f1	09	c5	6e	c6	84
f	18	F0	7d	ec	3a	dc	4d	20	79	ee	5f	ee	d7	cb	39	48

图 4-24   SM4 的 S 盒

线性变换 L: B 是 L 的 32 位输入,线性变换 L 的输出 C 也是 32 位, $C=$

$L(B)=B\oplus(B<<<2)\oplus(B<<<10)\oplus(B<<<18)\oplus(B<<<24)$，这里 $<<<i$ 表示循环左移的位数.

合成置换的输出值 C 再与 X_{i-1} 异或，便得到 X_{i+3}.

SM4 密钥扩展

每轮密钥 $rk_0,rk_1,\cdots,rk_{31}$，由加密密钥 $MK=(MK_0,MK_1,MK_2,MK_3)$ 通过密钥扩展算法得到，用 $FK=(FK_0,FK_1,FK_2,FK_3)$ 表示系统参数，用 $CK=(CK_0,CK_1,CK_2,\cdots,CK_{31})$ 表示固定参数，用 $K_0,K_1,K_2,\cdots,K_{31}$ 表示中间数据，这里，rk_i,MK_i,FK_i,CK_i,K_i 都是 32 位的字，系统参数 FK 和固定参数 CK 都是在密钥扩展中使用一些常数.

系统参数 FK 取值为

$$FK_0=(\text{a3b1bac6}),\quad FK_1=(\text{56aa3350}),$$
$$FK_2=(\text{677d9197}),\quad FK_3=(\text{b27022dc}).$$

固定参数 $CK_i=(ck_{i,0},ck_{i,1},ck_{i,2},ck_{i,3})(i=0,1,2,\cdots,31)$ 的产生方法：通过公式

$$ck_{ij}\equiv(4i+j)\times7(\mathrm{mod}\ 256),\quad i=0,1,2,\cdots,31,\quad j=0,1,2,3$$

产生，其值 16 进制表示

$$00070\text{e}15,1\text{c}232\text{a}31,383\text{f}464\text{d},545\text{b}6269,$$
$$70777\text{e}85,8\text{c}939\text{aa}1,\text{a}8\text{afb}6\text{bd},\text{c}4\text{cbd}2\text{d}9,$$
$$\text{e}0\text{e}7\text{eef}5,\text{fc}030\text{a}11,181\text{f}262\text{d},343\text{b}4249,$$
$$50575\text{e}65,6\text{c}737\text{a}81,888\text{f}969\text{d},\text{a}4\text{abb}2\text{b}9,$$
$$\text{c}0\text{c}7\text{ced}5,\text{dce}3\text{eaf}1,\text{f}8\text{ff}060\text{d},141\text{b}2229,$$
$$30373\text{e}45,4\text{c}535\text{a}61,686\text{f}767\text{d},848\text{b}9299,$$
$$\text{a}0\text{a}7\text{aeb}5,\text{bcc}3\text{cad}1,\text{d}8\text{dfe}6\text{ed},\text{f}4\text{fb}0209,$$
$$10171\text{e}25,2\text{c}333\text{a}41,484\text{f}565\text{d},646\text{b}7279.$$

算法描述如下：

(1) $(K_0,K_1,K_2,K_3)=(MK_0\oplus FK_0,MK_1\oplus FK_1,MK_2\oplus FK_2,MK_3\oplus FK_3)$；

(2) $rk_i=K_{i+4}=K_i\oplus T'(K_{i+1}\oplus K_{i+2}\oplus K_{i+3}\oplus CK_i)$，$i=0,1,2,\cdots,31$；这里 T' 变换与加密算法中的合成置换 T 类似，只是将其中的线性变换 L 换为

$$L':L'(B)=B\oplus(B<<<13)\oplus(B<<<23).$$

例 4.1 用 SM4 加密算法，对一组 16 进制表示的明文用密钥加密一次.

明　文：01 23 45 67 89 ab cd ef fe dc ba 98 76 54 32 10，

加密密钥：01 23 45 67 89 ab cd ef fe dc ba 98 76 54 32 10.

求每一轮的轮密钥,每轮最后 32 位的输出状态以及最终的密文.

解 (1) 第一轮轮密钥 rk_0 的计算:先将加密密钥 MK 按字分为四组

$$(MK_0, MK_1, MK_2, MK_3) = (01234567, 89\ abcdef, fedcba98, 76543210).$$

由

$$FK_0 = (a3b1bac6), \quad FK_1 = (56aa3350),$$
$$FK_2 = (677d9197), \quad FK_3 = (b27022dc);$$

按照公式

$$(K_0, K_1, K_2, K_3) = (MK_0 \oplus FK_0, MK_1 \oplus FK_1, MK_2 \oplus FK_2, MK_3 \oplus FK_3)$$

计算.计算时,先将 16 进制数化为二进制:

$$MK_0 = 0000\ 0001\ 0010\ 0011\ 0100\ 0101\ 0110\ 0111,$$
$$FK_0 = 1010\ 0011\ 1011\ 0001\ 1011\ 1010\ 1100\ 0110,$$

然后按位做二元域加法.

$$K_0 = 1010\ 0010\ 1001\ 0010\ 1111\ 1111\ 1010\ 0001,$$

同样可以算出

$$K_1 = 1101\ 1111\ 0000\ 0001\ 1111\ 1110\ 1011\ 1111,$$
$$K_2 = 1001\ 1001\ 1010\ 0001\ 0010\ 1011\ 0000\ 1111,$$
$$K_3 = 1100\ 0100\ 0010\ 0100\ 0001\ 0000\ 1100\ 1100.$$

$CK_0 = 00070e15$,化为二进制为

$$0000\ 0000\ 0000\ 0111\ 0000\ 1110\ 0001\ 0101.$$

$$K_1 \oplus K_2 \oplus K_3 \oplus CK_0 = 1000\ 0010\ 1000\ 0011\ 1100\ 1011\ 0110\ 1001,$$

化为十六进制为

82 83 cb 69,分为四组进入 S 盒,盒输出为:8a d2 41 22,记为 B.

再通过 L':$L'(B) = B \oplus (B <<< 13) \oplus (B <<< 23)$,得

$$L'(B) = 0101\ 0011\ 1011\ 0011\ 0111\ 1001\ 0101\ 1000.$$

(2) 根据公式

$$rk_0 = K_4 = K_0 \oplus T'(K_1 \oplus K_2 \oplus K_3 \oplus CK_0)$$
$$= 1111\ 0001\ 0010\ 0001\ 1000\ 0110\ 1111\ 1001,$$

十六进制为 f1 21 86 f9.

先将 128 位的明文分为 4 组,X_0, X_1, X_2, X_3,计算 $X_4 = X_0 \oplus T(X_1 \oplus X_2 \oplus X_3 \oplus rk_0)$,这里要先计算 $X_1 \oplus X_2 \oplus X_3 \oplus rk_0$,然后通过 4 个 S 盒输出 B,再由左

移位得到第 1 轮的 X_4 为：27 fa d3 45，X_1，X_2，X_3，X_4，即为第 1 轮输出结果.

再按照 SM4 密钥扩展算法中的描述（1）、（2）的方法，可以求出每轮的轮密钥和后 32 位的输出状态：

$rk_0 = $ f12186f9，$X_4 = $ 27fad345；$\quad rk_1 = $ 41662b61，$\quad X_5 = $ a18b4cb2；

$rk_2 = $ 5a6ab19a，$X_6 = $ 11c1e22a；$\quad rk_3 = $ 7ba92077，$\quad X_7 = $ cc13e2ee；

$rk_4 = $ 367360f4，$X_8 = $ f87c5bd5；$\quad rk_5 = $ 776a0c61，$\quad X_9 = $ 33220757；

$rk_6 = $ b6bb89b3，$X_{10} = $ 77f4c297；$\quad rk_7 = $ 24763151，$\quad X_{11} = $ 7a96f2eb；

$rk_8 = $ a520307c，$X_{12} = $ 27dac07f；$\quad rk_9 = $ b7584dbd，$\quad X_{13} = $ 42dd0f19；

$rk_{10} = $ c30753ed，$X_{14} = $ b8a5da02；$\quad rk_{11} = $ 7ee55b57，$\quad X_{15} = $ 907127fa；

$rk_{12} = $ 6988608c，$X_{16} = $ 8b952b83；$\quad rk_{13} = $ 30d895b7，$\quad X_{17} = $ d42b7c59；

$rk_{14} = $ 44ba14af，$X_{18} = $ 2ffc5831；$\quad rk_{15} = $ 104495a1，$\quad X_{19} = $ f69e6888；

$rk_{16} = $ d120b428，$X_{20} = $ af2432c4；$\quad rk_{17} = $ 73b55fa3，$\quad X_{21} = $ ed1ec85e；

$rk_{18} = $ cc874966，$X_{22} = $ 55a3ba22；$\quad rk_{19} = $ 92244439，$\quad X_{23} = $ 124b18aa；

$rk_{20} = $ e89e641f，$X_{24} = $ 6ae7725f；$\quad rk_{21} = $ 98ca015a，$\quad X_{25} = $ f4cba1f9；

$rk_{22} = $ c7159060，$X_{26} = $ 1dcdfa10；$\quad rk_{23} = $ 99e1fd2e，$\quad X_{27} = $ 2ff60603；

$rk_{24} = $ b79bd80c，$X_{28} = $ eff24fdc；$\quad rk_{25} = $ 1d2115b0，$\quad X_{29} = $ 6fe46b75；

$rk_{26} = $ 0e228aeb，$X_{30} = $ 893450ad；$\quad rk_{27} = $ f1780c81，$\quad X_{31} = $ 7b938f4c；

$rk_{28} = $ 428d3654，$X_{32} = $ 536e4246；$\quad rk_{29} = $ 62293496，$\quad X_{33} = $ 86b3e94f；

$rk_{30} = $ 01cf72e5，$X_{34} = $ d206965e；$\quad rk_{31} = $ 9124a012，$\quad X_{35} = $ 681edf34.

最后的 X_{35}，X_{34}，X_{33}，X_{32} 就是密文 681edf34 d206965e 86b3e94f 536e4246.

例 4.2 利用相同加密密钥对一组明文反复加密 t 次，观察密文的变化. 这里只列出 $t = 1000000$ 的情况.

明　　文：01 23 45 67 89 ab cd ef fe dc ba 98 76 54 32 10，

加密密钥：01 23 45 67 89 ab cd ef fe dc ba 98 76 54 32 10，

密　　文：59 52 98 c7 c6 fd 27 1f 04 02 f8 04 c3 3d 3f 66.

SM4 解密

解密与加密变换结构相同，只是轮密钥的使用顺序不同，加密时轮密钥的使用顺序为 $(rk_0, rk_1, \cdots, rk_{31})$，而解密时轮密钥的使用顺序为 $(rk_{31}, rk_{30}, \cdots, rk_0)$.

SM4 的安全性

SM4 算法公布之后引起了国内外学术界和产业界的极大关注，先后有学者研究了 SM4 对差分密码分析、线性密码分析等分析方法以及代数攻击、矩阵攻击的安全性，迄今为止，从专业机构对 SM4 进行了分析评价来看，SM4 算法是安全的，并没有发现成熟有效的破解方法.

4.4 流密码

4.4.1 流密码的加密过程

一次一密的密码是绝对安全的. 流密码就是仿效一次一密的密码,是一种简单而且安全性很高的密码. 流密码也称为序列密码,它是对明文以一位或者一个字节为单位进行操作.

长的密钥更安全,但是长密钥的存储和分配都很困难. 流密码通常采用一个短的种子密钥来控制密钥流发生器产生出长密钥序列,供加密解密使用.

流密码的加密过程

设 $m_1, m_2, \cdots, m_i, \cdots$ 是明文字符流, $k_1, k_2, \cdots, k_i, \cdots$ 是密钥流; $c_1, c_2, \cdots, c_i, \cdots$ 为密文字符流,则加密变换过程为 $c_i \equiv m_i + k_i \pmod 2$,表示为 $c_i = E(m_i) = m_i \oplus k_i, i = 1, 2, \cdots$.

解密是加密变换的逆过程,可用 $m_i = D(c_i) = c_i \oplus k_i, i = 1, 2, \cdots$ 表示.

种子密钥 k 输入到密钥流发生器,产生密码流,再通过与同时的一位明文流进行相加,产生密文流,见图 4-25.

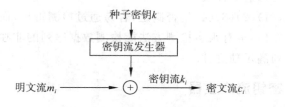

图 4-25 流密码加密过程

同步流密码(synchronous stream cipher)密钥流的产生完全独立于明文或密文.

同步流密码只要通信双方的密钥流产生器具有相同的种子密钥和相同的初始状态,就能产生相同的密钥流;在保密通信过程中,通信的双方必须保持精确的同步,收方才能正确解密.

自同步流密码(self-synchronous stream cipher)的密钥流的产生与明文或者密文相关,是一种有记忆变换的序列密码,在自同步流密码系统中,密文流参与了密钥流的生成,这使得对密钥流的分析更加复杂,因此对自同步流密码进行系统的分析也就更加困难.

随机数的产生：在对称密码中密钥、非对称密码体制公钥以及用于认证的临时交互号等很多场合需要使用随机数. 产生随机数有两种常见方法：①选取真实世界的自然随机源，如热噪声等. 这种方法产生的通常被称为真随机序列，真随机序列虽然有好的随机性，但在实际使用范围内不一定有好的安全性且很难生成. ②通过一个确定性的算法，由数字电路或是软件实现，把一个初值扩展成一个长的序列. 这种方法产生的序列通常被称为**伪随机序列**. 伪随机序列当用于流密码时就称为密钥流.

一个好的**伪随机序列的评价指标**一般包括：

（1）平衡性，1 和 0 的个数应近似相等，如果是字节流，则所有的 256 种可能的字节的值出现频率应近似相等；

（2）周期长度，周期越长，密码分析的难度越大；

（3）游程分布，连续 1 或 0 的个数称为游程，游程不能太长；

（4）种子密钥的长度（≥128 位）；

（5）独立性，数据序列中的任何数不能由其他数导出，具有不可预测性；

（6）线性复杂度；

（7）自相关函数；

还有伪随机序列构造等性质.

一般来说，（1）（2）（3）（4）是否满足，容易通过检测得出，而其他的较难检测，如是否满足独立性，虽有很多检测方法能检测数据序列的非独立性，但是却不能证明该数据序列满足独立性.

4.4.2　密钥流产生器

流密码的安全强度取决于它产生的密钥流的特性. 无限长且为无周期的随机序列很难生成，实际应用当中的密钥流都是由有限存储和有限复杂逻辑的电路产生的字符序列，由于密钥流生成器只具有有限状态，它产生的序列具有周期性，不是真正的随机序列. 生成一个具有良好特性的密钥流序列的常见方法有：线性反馈移位寄存器（Linear Feedback Shift Register，LFSR）、非线性移位寄存器（NLFSR）、线性同余法、混沌密码序列法、有限自动机等.

这些方法都是通过一个种子（有限长）密码产生具有足够长周期的、随机性良好的序列. 只要生成方法和种子都相同，就会产生完全相同的密钥流.

线性反馈移位寄存器

因为移位寄存器结构简单，易于实现且运行速度快，所以目前密钥流生成器大都基于移位寄存器；利用线性反馈移位寄存器产生的添加适当扰动可以构造具有优良伪随机性的序列,即 m 序列.密钥流产生器一般由线性移位寄存器和一个非线性组合函数两部分构成,其中线性移位寄存器部分称为驱动部分,另一部分称为非线性组合部分.其工作原理是将驱动部分,即线性移位寄存器在 j 时刻的状态变量 x 作为一组值输入非线性组合部分的 f,将 $f(x)$ 作为当前时刻的密钥 k_j;驱动部分负责提供非线性组合部分使用的周期大、统计性能好的序列,而非线性组合部分以各时刻移位寄存器的状态组合出密钥序列.

图 4-26 中标有 $a_1,a_2,\cdots,a_{n-1},a_n$ 的小方框表示二值(0,1)存储单元.

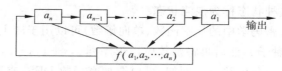

图 4-26 一个二元域上的反馈移位寄存器

例如 $f(x_1,x_2,\cdots,x_n)=c_1x_n+c_2x_{n-1}+\cdots+c_nx_1$ 表示线性反馈移位寄存器,则 $a_{n+1}=c_1a_n+c_2a_{n-1}+\cdots+c_na_1$,这时输出 a_1,寄存器状态变为 $a_2,a_3,\cdots,a_n,a_{n+1}$.

线性同余法

在下面的表述中,用 $a=b \bmod m$ 表示 $b=mk+a,0\leqslant a<m$,即取余运算.

随机数序列 $\{X_n\}$,$n\geqslant 0$,通过迭代 $X_{n+1}=aX_n+c \bmod m$ 获得,其中,$0\leqslant a<m,0\leqslant c<m$;

X_0 称为种子或者初始值,并且 $0\leqslant X_0<m$,该算法称为混合线性同余法.a,c,m 的取值是产生高质量的随机数的关键.例如,当 $a=7,c=0,m=32,X_0=1$ 时,生成的数列为 $\{1,7,17,23,1,7,\cdots\}$,该数列的周期为 4,周期太短,不宜作为密钥序列,与模 32 中的 32 较小有关;合理地选择 a,c,m,可以使周期接近模 m,这时周期为最大周期.这说明:一方面,模 m 要取得足够大;另一方面,要尽可能地使周期达到最大周期.一般地,取素数 p 为模,而 a 取模 p 的原根.

非线性同余法

非线性同余(nonlinear congruential)法的随机数序列 $\{X_n\}$,$n\geqslant 0$,通过 $X_{n+1}=f(X_n) \bmod m$ 迭代获得,一些非线性同余发生器的区别主要是函数 f 不同.

线性同余发生器:$X_{n+1}=aX_n+b \bmod m$,

二次同余发生器:$X_{n+1}=aX_n^2+bX_n+c \bmod m$,

BBS 发生器:$X_{n+1}=X_n^2 \bmod m$,

幂同余发生器：$X_{n+1} = X_n^d \bmod m$，

指数同余发生器：$X_{n+1} = g^{X_n} \bmod m$，

混沌随机数发生器，等等.

混合光学双稳模型的迭代式为 $X_{n+1} = [A\sin^2(X_n - X_B)]$，其中 A 和 X_B 是迭代式的系数，当 $A=4$，$X_B=2.5$ 时方程处于混沌状态. 根据该方法生成混沌序列 $\{X_i\}$，可以获得不同的 0 和 1 序列. 在混沌区的数据具有两个显著的特性：迭代不重复性和初值敏感性. 当选定一个迭代式和适当的参数，方法将进行无限制不循环地迭代，这种状态称为混沌状态.

某些函数(如密码学中的加密函数、单向函数)可以用于产生伪随机数，方法是首先选取随机种子 s，然后再将函数应用于序列 $s, s+1, s+2, \cdots$，进而输出序列 $f(s), f(s+1), f(s+2), \cdots$. 例如，可以取加密函数 DES，或者下一章将介绍的 hash 函数等.

4.4.3 RC4 算法

RC4 算法是 RSA 数据安全公司在 1987 年发布的一种同步流密码，RC4 算法非常简单，就是查找表和修改表. 是针对字节流进行加解密算法，因此 RC4 算法非常适合加密解密的软件实现. RC4 算法的强大在于数据表 S 是随着密钥流输出而变化的. 数据表 S 一旦完成初始化，种子密钥将不再使用.

RC4 算法描述如下：

(1) 初始化

先对数据表 S 进行初始排列，即令 $S[0]=0$，$S[1]=1$，$\cdots$，$S[255]=255$，再用种子密钥 key$[0]$，key$[1]$，$\cdots$，key$[N-1]$ 填充 $K[0]$，$K[1]$，$\cdots$，$K[255]$，当 $N < 256$ 时，则重复用种子密钥填充.

RC4 初始化程序

```
for i=0 to 255 do
    S[i]=i
    K[i]=key[i] mod N
od
j=0
for i=0 to 255 do
    j=(j+S[i]+K[i])mod 256
    swap(S[i],S[j])
od
```

（2）密钥流生成

RC4 算法的关键是根据明文和密钥生成相应的密钥流,因为密文第 i 字节＝明文第 i 字节$\oplus$密钥流第 i 字节,因此密钥流的长度和明文的长度字节数一样.数据表 S 长度为 256 字节,算法运行的任何时候,S 都包括 0～255 的 8 位二进制数的排列组合,只不过值的位置发生了变换.密钥 K 长度为 1～256B,通常密钥的长度取 16B.伪随机产生算法用来选取随机元素并修改 S 的原始排列顺序.

密钥流生成程序

```
i=0,j=0
while(true)do // 明文未加密完的状态为 true
    i=(i+1)mod 256
j=(j+S[i])mod 256
    swap(S[i],S[j])
    t=(S[i]+S[j])mod 256
keystreamByte=S[t]
    od
```

习题 4.4

有一个四级线性反馈移位寄存器 $f(x_1,x_2,x_3,x_4)=x_1+x_2$,其中初始值 $(a_1,a_2,a_3,a_4)=(1000)$,求输出的前 12 位.

（提示 $a_5=f(a_1,a_2,a_3,a_4)=1+0=1,a_6=f(a_2,a_3,a_4,a_5)=0+0=0,\cdots$）

4.5　椭圆曲线公钥密码

椭圆曲线密码是目前国际上公认的比较安全实用的公钥密码.可以认为是给定有限域 $F_q(q)$ 上一条椭圆曲线 E,并给定这条曲线上的两点 P 和 Q,求出正整数 d(如果存在的话),使之满足 $Q=dP$,已知 Q,P 求 d 非常困难,d 就是指所给的椭圆曲线上的离散对数,目前关于椭圆曲线这种问题还没有找到一种有效的攻击算法.

4.5.1　椭圆曲线

有限域 F_q 上的椭圆曲线定义为 $E\cup O$,其中 O 是无穷远点,而

$$E=\{(x,y)\,|\,x,y\in F_q,\text{且 } y^2=x^3+ax+b\}.$$

F_q 上的椭圆曲线 E 用 $E(F_q)$ 表示,该曲线上的点的数目用 $\sharp E(F_q)$ 表示,称为 E 的阶.椭圆曲线上点 P(非无穷远点)的坐标表示为 $P=(x_P,y_P)$,其中 x_P,y_P 分别称为点 P 的 x 坐标和 y 坐标,如图 4-27 所示.

椭圆曲线 E 上的点对加法作成一个群,即:

(1) E 有零元 O(无穷远点),对 $P\in E,O+P=P+O=P$;

(2) 对 E 的点 $P=(x_1,y_1)$,$-P=(x_1,-y_1)$,$P+(-P)=O,O=-O$;

(3) 两点不同且不为负元,$Q=(x_2,y_2)$,$R=P+Q=(x_3,y_3)$,则当 F_q 的特征不为 2 时,点的加法按下列方法计算:$\lambda=(y_2-y_1)/(x_2-x_1)$,$x_3=\lambda^2-x_1-x_2$,$y_3=\lambda(x_1-x_3)-y_1$;

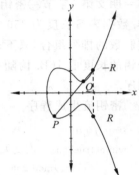

图 4-27 椭圆曲线
$y^2=x^3-3x+3$

当两点相同,即 $R=2P,y_1\neq 0$,$Q=2P=(x_3,\ y_3)$,则 $\lambda=(3x_1^2+a)\cdot(2y_1)^{-1}$,$x_3=\lambda^2-2x_1$,$y_3=\lambda(x_1-x_3)-y_1$;

当倍数 $d\geqslant 3$,结合上面两种方法计算.

*计算公式的推导:设 $R=P+Q=(x_3,y_3)$,为过 P,Q 两点的直线与曲线的交点关于 x 轴的对称点,则当 F_q 的特征不为 2 时,过点 P,Q 的直线方程为:$y=((y_2-y_1)/(x_2-x_1))(x-x_1)+y_1=\lambda x+d$,这里 $\lambda=(y_2-y_1)/(x_2-x_1)$,$d=-x_1\lambda+y_1$,将 $y=\lambda x+d$ 代入曲线方程,$(\lambda x+d)^2=x^3+ax+b$,即 $x^3-(\lambda x+d)^2+ax+b=0$,$x_1,x_2,x_3$ 都是这个方程的根,由根与系数的关系:$x_1+x_2+x_3=\lambda^2$,注意 y_3 为 $\lambda(x_3-x_1)+y_1$ 关于 x 轴的对称点,所以计算公式为:$\lambda=(y_2-y_1)/(x_2-x_1)$,$x_3=\lambda^2-x_1-x_2$,$y=\lambda(x_1-x_3)-y_1$,

两点相同时,两点的和为点 P 处以切线与曲线交点的对称点.

y 对 x 求导,$2yy'=3x^2+a$,$y'=(3x^2+a)/(2y)$,$\lambda=(3x_1^2+a)/(2y_1)$ 为斜率,$y=\lambda(x-x_1)+y_1$,仍如上面推导,然后用 x_1 代替 x_2,得到计算公式:$\lambda=(3x_1^2+a)/(2z_1)$,$x_3=\lambda^2-2x_1$,$y_3=\lambda(x_1-x_3)-y_1$.

当 $F_q=GF(2^m)$,$E=\{(x,y)\,|\,x,y\in F_q,\text{且 } y^2+xy=x^3+ax^2+b,b\neq 0\}$.这时,点 $P=(x_1,y_1)$,$-P=(x_1,x_1+y_1)$,当 $Q\neq\pm P$ 时,计算公式为
$$\lambda=(y_2+y_1)/(x_2+x_1),\quad x_3=\lambda^2+\lambda+x_1+x_2+a,\quad y_3=\lambda(x_1+x_3)+x_3+y_1.$$

当 $R=2P=(x_3,y_3)$ 时,计算公式为:$\lambda=x_1+y_1/x_1$,$x_3=\lambda^2+\lambda+a$,$y_3=$

$$\lambda(x_1+x_3)+x_3+y_1.$$

当倍数 $d \geqslant 3$ 时，结合上面两种方法计算. 公式的推导见文献[1,10].

注意，点的加法不是对应分量相加.

例 4.3 已知 GF(23) 上椭圆曲线 $E: y^2 = x^3 + x + 1$ 上两点 $P(3,10)$，$Q(9,7)$，求：

(1) $-P$；(2) $P+Q$；(3) $2P$.

解 (1) $-P$ 的值为 $(3,-10)$；

(2) $\lambda = (7-10)/(9-3) = -1/2$，2 的逆元为 12，因为 $2 \times 12 \equiv 1 \pmod{23}$，$\lambda \equiv -1 \times 12 \pmod{23}$，故 $\lambda = 11$；$x_3 = 121 - 3 - 9 = 109 \equiv 17 \pmod{23}$，$y_3 = 11[3-(-6)]-10 = 89 \equiv 20 \pmod{23}$，故 $P+Q$ 的坐标为 $(17,20)$；

(3) $\lambda = (3(3^2)+1)(2 \times 10)^{-1} = 5 \times 15 \equiv 6 \pmod{23}$，$x_3 = 36 - 2 \times 3 = 30 \equiv 7 \pmod{23}$，$y_3 = 6(3-7)-10 = -34 \equiv 12 \pmod{23}$，故 $2P$ 的坐标为 $(7,12)$.

4.5.2　ElGamal 椭圆曲线公钥算法

Alice 要求 Bob 将明文 m 加密送回.

(1) 密钥生成：Alice 选定有限域 GF(p^n) 上的一条椭圆曲线 E，以及随机点 $Q \in E$，$Q = (x_1, y_1)$，该点要能生成一个和椭圆曲线 E 本身所构成的群一样大或接近的子群. 选定一个随机数 $a \in \{1, 2, \cdots, p-1\}$，这里 p 是素数，并计算出 $P = aQ = (x_2, y_2)$，且将 Q, P, E 以及明文到 E 上点的编码方法传送给 Bob，Q, P, E 是公钥，a 是 Alice 的私钥.

(2) 加密：Bob 收到后随机取 $b \in \{1, 2, \cdots, p-1\}$，将明文 m 编码成椭圆曲线 E 上一个点 M，计算 $C = (bQ, M+bP)$，且将密文 C 传送给 Alice. bQ 可以认为是 Bob 的公钥.

(3) 解密：Alice 收到 C 后进行解密计算 $M + bP - a(bQ) = M + baQ - a(bQ) = M$，再通过编码恢复明文 m.

显然，敌方如能计算椭圆曲线上的离散对数，他就能从公开的信息 Q 和 aQ 中确定出 a，从而破译 C. 但是，注意到 aQ 运算的计算方法及从 Q, P 求 a，也就是求解椭圆曲线上的离散对数，这比求解一般有限域上的离散对数困难得多. 因此椭圆曲线密码体制与其他公钥密码体制相比，在密钥的长度相同的情况下，它的安全性要更高些. 正是上述这些原因，人们才会对椭圆曲线密码体制更感兴趣.

改进：如果将 a 用 ElGamal 中的 h_A 替代，则可以防止小子群攻击.

在上面介绍 ElGamal 椭圆曲线公钥算法时，并没有考虑极端的情况，也就是倍点达到该点的阶的情况. 在实际用于密钥生成、加密和解密时，要把这些情况排除,才能保证加密、解密的正确性.求椭圆曲线上点的阶有 Satoh 算法[11]、Harley 算法[12]、复乘算法[13] 等,其中 Satoh 算法用于求特征为 2 的有限域上椭圆曲线上点的阶,Harley 算法用于求特征为小素数 $p,q=p^m$ 的有限域 F_q 上椭圆曲线上点的阶.

4.5.3 中国商用公钥算法 SM2

SM2 是中国国家商用密码管理局于 2010 年发布的公钥算法[14],它的安全性是基于椭圆曲线点群上的离散对数问题的难解性.SM2 是在标准椭圆曲线公钥(ECC)算法基础上改进的一种公钥系统,该系统解决了从明文到椭圆曲线的数据的编码和转化问题[14].椭圆曲线数据的编码和转化见附录 C.

SM2 公钥算法选择有限域 F_q 上的椭圆曲线,素域 F_p 的特征为奇素数 p,素域中的元用整数 $0,1,2,\cdots,p-1$ 表示.$F_p(p\geqslant3)$ 上的椭圆曲线为

$$y^2=x^3+ax+b,a,b\in F_p, \quad 且 \quad 4a^3+27b^2\neq0(\mathrm{mod}\,p).$$

SM2 的算法过程:Alice 要 Bob 将信息 m 加密送回.

(1) SM2 的密钥生成

Alice 选定 F_q 上椭圆曲线 E 和基点 G,这里 $q=p\geqslant3$ 为素数,或 $q=2^m$,计算点 $P=(x_P,y_P)=[d]G$,其中 $[d]G$ 表示椭圆曲线上点 G 的 d 倍点.如果 P 不是无穷远点 O,且 $y_P^2=x_P^3+ax_P+b$,n 为点 P 的阶,即 $[n]P=O$,随机取 $d\in\{1,2,\cdots,n-2\}$,将公钥 E,G,P 发给 Bob,d 为私钥,解密用.

(2) 加密

Bob 先将消息 m 转化为比特串(位二进制串)M,$klen$ 为 M 的长度.随机取 $k\in\{1,2,\cdots,n-1\}$,计算 E 上点 $C_1=[k]G=(x_1,y_1)$,将 C_1 的数据类型转换为比特串.计算椭圆曲线点 $S=[k]P=(x_2,y_2)$,若 S 是非无穷远点将坐标 x_2,y_2 的数据类型转换为比特串,否则重新选取 k.

然后计算 $t=KDF(x_2\parallel y_2,klen)$,这里 KDF 是密钥派生函数,$\parallel$ 表示拼接.若 t 为全 0 串,则重新选取 k.计算 $C_2=M\oplus t,C_3=Hash(x_2\parallel M\parallel y_2)$,这里 $Hash$ 是杂凑函数,将在第 5 章介绍.再将密文 $C=C_1\parallel C_2\parallel C_3$ 发给 Alice.

(3) 解密

Alice 对密文 $C=C_1\parallel C_2\parallel C_3$ 进行解密.先从 C 中取出比特串 C_1,将类型转换为椭圆曲线上的点,验证 C_1 是否满足椭圆曲线.若不满足,则报错并退出.接着计算椭圆曲线点 $S=[d]C_1$.

若 $S=O$,则报错退出.

若 $S\neq O$,将坐标 x_2,y_2 的数据类型转换为比特串;计算 $t=KDF(x_2\parallel y_2,$

$klen$),若 t 为 0 比特串,则报错退出. 再从 C 中取出比特串 C_2,计算 $M'=C_2 \oplus t$; 计算 $u=Hash(x_2 \parallel M' \parallel y_2)$. 从 C 中取出比特串 C_3;

若 $u \neq C_3$,则报错并退出;

若 $u = C_3$,将 M' 转化为消息 m 输出.

注,算法中虽有多处报错的地方,但是实际运行时发生这种情况的可能性并不大.

习题 4.5

ElGamal 椭圆曲线公钥密码计算. 设 $y^2=x^3+x+6$ 是 Z_{11} 上的椭圆曲线,椭圆曲线上一个点为 $P=(2,7)$,假设 Alice 取的秘密整数 $d=3$,求:

(1) 公钥 $Q=3P=(x_2,y_2)$;

(2) Bob 加密 $(9,8)$,选择随机数 $k=2$,求密文;

(3) 给出 Alice 解密计算过程.

4.6　密码攻击、陷门

非法窃听、截取、篡改和破坏等危及信息系统安全的行为称为安全攻击,安全攻击分为主动攻击和被动攻击,主动攻击意在篡改或者伪造信息、也可以是改变系统的状态和操作,主动攻击主要威胁信息的完整性、可用性和真实性. 常见的主动攻击包括:伪装、篡改、重放和拒绝服务. 被动攻击的特征是对传输进行窃听和监测. 被动攻击的目的是获得传输的信息,不对信息作任何改动,被动攻击主要威胁信息的保密性,常见的被动攻击包括消息内容的泄漏和流量分析等. 密码攻击是常见的安全攻击之一.

分析不同密码算法的计算复杂性和问题的复杂性可以给出求解一个问题的计算是容易还是困难,这有助于确定一个密码算法的安全强度,当破译一个密码算法所花费的时间或者空间代价超出了密码本身所保密内容的价值,破译就没有实际意义.

问题的复杂性是指该问题目前的最有效算法的计算复杂性. 计算复杂性粗分为确定性多项式时间可解类,即易解的 P 类;不确定性多项式时间可解类,即难解的 NP 类;不确定性多项式时间可解完全类,即超困难的 NPC 完全类. 由于 NPC 问题不存在有效的算法,现在密码算法的安全性都基于 NPC 问题.

算法的复杂性表示算法在实际计算时的计算量和所需的时间,在图 4-28

中,x 轴上的数字表示 x 的位数,$f(x)$ 表示利用穷举计算所需时间,这里说的穷举计算是指不用优化算法直接计算. 如果一个密码算法具有指数级的复杂性,就认为它是计算上不可行的.

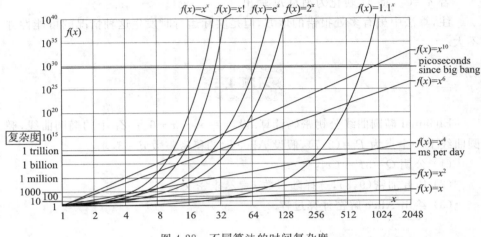

图 4-28   不同算法的时间复杂度

分析一个密码系统是否安全,一般是在假定攻击者知道所使用的密码系统的情况下进行分析的,即知道加密算法、密文和明文的统计特性,称为克尔克霍夫(Kerckhoff)假设.

对密码的攻击有两种方法:穷举攻击(brute force search)和密码分析.

穷举攻击则是试遍所有可能的密钥对所获密文进行解密,直至得到正确的明文. 或用一个确定的密钥对所有可能的明文进行加密,直至得到所获得的密文. 从表 4-2 知,当密钥长度达到 128 位以上时,以目前的资源来说,穷举攻击将不能成功.

表 4-2   是穷尽密钥空间所需的时间

密钥位数	密钥数	尝试 1 次/微秒	尝试 10^6 次/微秒
32	2^{32}	2^{31} 微秒 ≈ 35.8 分	2.15 毫秒
56	2^{56}	2^{55} 微秒 ≈ 1142 年	10.01 小时
128	2^{128}	2^{127} 微秒 $\approx 5.4 \times 10^{24}$ 年	5.4×10^{18} 年
168	2^{168}	2^{167} 微秒 $\approx 5.9 \times 10^{36}$ 年	5.4×10^{30} 年
26 个字母排列	26!	2×10^{26} 微秒 $\approx 6.4 \times 10^{12}$ 年	6.4×10^6 年

密码攻击类型

根据密码分析者所知的信息量,把对密码的攻击分为:

唯密文攻击(ciphertext-only attack):密码分析者知道加密算法和待破译的密文.

已知明文攻击(known-plaintext attack):密码分析者除知道加密算法和待破译的密文外,而且也知道,有一些明文和同一个密钥加密的这些明文所对应的密文,即知道一定数量的明文和对应的密文.

选择明文攻击(chosen-plaintext attack):密码分析者知道加密算法和待破译的密文,并且可以得到所需要的任何明文所对应的密文,如在公钥密码中,攻击者可以利用公钥加密他任意选定的明文.

选择密文攻击(chosen-ciphertext attack):密码分析者知道加密算法和待破译的密文,密码分析者能选择不同的被加密的密文,并可得到对应的解密的明文,即知道选择的密文和对应的明文.这种攻击主要用于公钥密码算法.

选择文本攻击(chosen text attack):选择文本攻击是选择明文攻击和选择密文攻击的结合.密码分析者知道加密算法和待破译的密文,并且知道任意选择的明文和它对应的密文,这些明文和待破译的密文是用同一密钥加密得来的,以及有目的选择的密文和它对应的明文,解密这些密文所使用的密钥与解密待破解的密文的密钥是一样的.

对于对称密码而言,唯密文攻击难度最大,因为攻击者可利用的信息最少.

如果无论攻击者有多少密文,由一个加密算法产生的这些密文中包含的信息不足以唯一决定对应的明文,也无论用什么技术方法进行攻击都不能被攻破,这种加密算法是绝对安全(unconditional security)的,除一次一密(one-time pad)外,没有绝对安全的加密算法.

计算上安全(computational security):破译该密码的成本超过被加密信息的价值或破译该密码的时间超过该信息有用的生命周期.目前的加密算法一般是计算上安全的.

密码分析方法

密码分析是依赖加密算法的特征等试图破译密文或获得密钥的过程.当密钥长度增加到一定的大小时,穷举攻击变得不实际.比较流行的密码分析方法是线性密码分析和差分密码分析.线性密码分析是一种已知明文攻击,是一种统计攻击,它以求线性近似为基础,通过寻找密码算法变换的线性近似来攻击.用这种方法在只需要知道 2^{43} 个已知明文的情况下就可以找到 DES 的密钥.

椭圆曲线密码体制(ECC)的安全性是建立在椭圆曲线离散对数的数学难题

之上. 椭圆曲线离散对数问题被公认为要比整数分解问题(RSA 方法的基础)和模 p 离散对数问题(DSA 算法的基础)难解得多. 目前解椭圆曲线上的离散对数问题的最好算法是 Pollard rho 方法, 其计算复杂度是完全指数级的, 而目前对于一般情况下的因数分解的最好算法的时间复杂度是亚指数级的. ECC 算法在安全强度、加密速度以及存储空间方面都有巨大的优势. 如 161 位的 ECC 算法的安全强度相当于 RSA 算法 1024 位的强度.

例 4.4　设 $n=pq$, 下面列举几个对 RSA 的攻击方法:

(1) 大整数 n 的因数分解法. 考查 $x^2 \equiv a^2 (\bmod n)$ 的解, $x \equiv \pm a (\bmod n)$ 称为平凡解. 若找到 $x^2 \equiv a^2 (\bmod n)$ 的一个非平凡解 x, 则 $(x+a)(x-a) \equiv 0 (\bmod n)$, 求出 $(n, x-a), (n, x+a)$, 便可分解 n.

(2) 通过求 $\varphi(n)$ 来求 p, q. 若已知 $\varphi(n)$, 构造 $x^2 - (n-\varphi(n)+1)x+n=0$, 设其根是 p 和 q, $pq=n$, $p+q=n-\varphi(n)+1$, 方程变为 $x^2-(p+q)x+pq=0$, 可以解此方程求出 p, q.

(3) 直接计算密文 C 对 n 的指数. 若找到不同的 i, j 使得 $C^i \equiv \pm C^j (\bmod n)$, 由此可以求出 $C^t \equiv 1 (\bmod n)$ 中的 t, 也可对任一整数 u, 求 $u^t \equiv 1 (\bmod n)$ 中的最小正整数 t, 一个可以降低计算量的方法是尝试取若干互素的数 b_i, 计算 $E(b_i, n)$, 然后利用指数性质定理 2.10 和定理 2.11, 可以求出 $t=E(d, n)$, 这个 t 一定会满足 $t \mid \varphi(n)$; 这就要求 $p-1$ 和 $q-1$ 都有大素因数, 这样的素数 p 和 q 称为强素数. 或者对密文 C, 直接计算 $C^{a^i}=(\cdots((C^a)^a \cdots)^a \equiv r(\bmod n)$, 当 r 为 $1, -1$ 或 C, 相当于 $E(a, \varphi(n))$ 较小时或解密指数 d 较小时, RSA 易被攻破.

(4) Wiener 的低解密指数攻击. 假设 $q<p<2q$, $3d<n^{1/4}$, 则 $q<\sqrt{n}$, 有 $n-\varphi(n)=p+q+1<3\sqrt{n}$, 因为 $ed \equiv 1(\bmod \varphi(n))$, 相当于 $ed-t\varphi(n)=1, t<d$, 于是

$$\left| \frac{e}{n} - \frac{t}{d} \right| = \left| \frac{ed-tn}{dn} \right| = \left| \frac{1+t(\varphi(n)-n)}{dn} \right| < \frac{3t\sqrt{n}}{dn} < \frac{3}{\sqrt{n}} < \frac{1}{3d^2}.$$

因此, $\frac{e}{n}$ 和 $\frac{t}{d}$ 非常接近, $\frac{e}{n}$ 可以看作 $\frac{t}{d}$ 的连分数展开的一个收敛子(渐近分数). 利用关系式 $ed-t\varphi(n)=1$, 可得 $\varphi(n)=\frac{ed-1}{t}$, 从而分解 n.

由文献[3]知, 若连分数 $[a_1, a_2, \cdots, a_n]$ 的渐近分数是 $\frac{p_1}{q_1}, \frac{p_2}{q_2}, \cdots, \frac{p_k}{q_k}$, 则在这些渐近分数之间, 下列关系成立:

$$p_1=a_1, \quad p_2=a_2a_1+1, \quad p_k=a_k p_{k-1}+p_{k-2},$$

$$q_1=1, \quad q_2=a_2, \quad q_k=a_kq_{k-1}+q_{k-2}, \quad 3\leqslant k\leqslant n.$$

例 4.5 $n=160523347$，$e=60728973$，e/n 表成连分数为 $[0,2,1,1,1,4,12,$ $102,1,1,2,3,2,2,36]$，前几个渐近分数为 $0,\dfrac{1}{2},\dfrac{1}{3},\dfrac{2}{5},\dfrac{3}{8},\dfrac{14}{37}.$

前 5 个渐近分数不能得到与 n 相关的信息，而由 $14/37$ 可以得到

$$n'=\frac{37\times60728973-1}{14}=160498000$$

可能为 $\varphi(n)$ 的值. 因为 $p+q=n-\varphi(n)+1$，于是，求解方程

$$x^2-25348x+160523347=0$$

得到两个根 $x=12347,13001$，因此，$n=12347\times13001$.

例 4.6 已知 n 是素数 p，q 的乘积，要分解 n 求出 p，q.

解 设 x_1，x_2 是 $x^2\equiv a(\mathrm{mod}\,n)$ 的解，$x_1>x_2$，则 $(x_1+x_2)(x_1-x_2)\equiv 0(\mathrm{mod}\,n)$，因此 $((x_1+x_2),n)=p$，$((x_1-x_2),n)=q$. 这表明，如果破解了拉宾公钥系统，也就分解了 n.

设 y 为拉宾公钥加密密文，$\mathrm{RabinD}(y)$ 表示 y 对应可能的明文，ω 表示 1 模 n 的非平凡根，x 表示可能的明文. 通过拉宾公钥分解 n 的算法如下：

$r\leftarrow\mathrm{rand}(1,n-1)$ ♯随机选取正整数 r

$y\leftarrow r^2\ \mathrm{mod}\ n$

$x\leftarrow\mathrm{RabinD}(y)$

if $x\equiv r$ or $-r$ mod n

then return("failure")

else

$p\leftarrow\gcd(x+r,n)$

$q\leftarrow n/p$

return("$n=p\times q$")

如果 $x\equiv\omega r(\mathrm{mod}\,n)$ 或 $x\equiv-\omega r(\mathrm{mod}\,n)$，则分解成功. 因为对应一个 y，有 4 个值的平方对应 y，将 r 取值改为 r^2 随机从 $1,2^2,3^2,\cdots,\left(\dfrac{n-1}{2}\right)^2$ 中取，可以提高分解效率.

定义 4.1 若函数 $f:A\rightarrow B$，满足：

(1) 对所有 $x\in A$，易于计算 $f(x)$；

(2) 对几乎所有 $x\in A$，由 $f(x)$ 求 x 极为困难，以至于实际上不可能做到，

则称 f 为单向函数(one-way function).

单向函数是求原像困难的函数.

定义 4.2　可逆函数 f 若满足:

(1) 对于所有属于域 F 中的 x,容易计算 $f(x)=y$;

(2) 对于几乎所有属于域 F 中的 y,除非获得陷门信息,否则求出 x,使得 $x=f^{-1}(y)$ 在计算上不可行,这里 f^{-1} 为 f 的逆函数,则称 f 为单向陷门函数 (one-way trapdoor function).

公钥算法中的单向函数是基于数学上难题:离散对数、大整数分解、背包问题;虽然还没有从理论上证明它们一定是单向陷门函数,但在一定范围的数据分析来看,它们具有单向陷门函数的性质.私钥就是所谓**陷门**,单向陷门函数是公钥密码学的核心.在不知陷门信息情况下求逆极为困难,当知道陷门信息后,求逆则容易实现.

习题 4.6

已知 $n=pq=11771246101,\varphi(n)=11771018604$,求 p,q.

第5章

其他信息安全知识

5.1 消息认证与数字签名

消息认证与数字签名是防止安全攻击的有效手段.

5.1.1 消息认证

用于消息认证的认证函数是单向函数,输入值为消息,输出值为**认证符**或**信息摘要**,通过认证函数检查消息和认证符就是**消息认证**.消息认证是防止主动攻击的重要手段,常用来验证消息的发送者的合法性,验证信息本身的完整性,可以防止伪装欺诈、内容篡改等攻击.

认证函数可分为两类:① 加密函数:使用消息发送方和接收方共享的密钥对整个消息进行加密,则整个消息的密文作为认证符.当使用非对称方式时,可用私钥对消息加密,用公钥解密来认证.② 消息认证码:它是消息和密钥的函数,产生固定长度值作为认证符.

消息认证码简称 MAC(message authentication code),是一种使用密钥的认证技术,它利用密钥来生成一固定长度的数据块,并将该数据块附加在消息之后.在这种方法中假定通信双方 Alice 和 Bob 共享密钥 K.若 Alice 计算 MAC=$C(K,M)$,向 Bob 发送消息 M∥MAC,Bob 收到后,也计算 $C(M)=C(K,M)$,这里 M 为收到的值,若 $C(M)=$MAC,则认证通过.

MAC 中使用了密钥,如果密钥泄漏或者被攻击,则 MAC 的安全性则无法保证.在基于算法的加密函数中,攻击者可以尝试所有可能的密钥以进行穷举攻击,一般对 k 位的密钥,穷举攻击需要 2^{k-1} 次.

一个安全的 MAC 函数应具有下列性质:

若攻击者知道 M 和 $C_K(M)$,则他构造满足 $C_K(M')=C_K(M)$ 的消息 M' 在计算上是不可行的.

$C_K(M)$ 应是均匀分布的,即对任何随机选择的消息 M 和 M', $C_K(M)=C_K(M')$ 的概率是 2^{-n},其中 n 是 MAC 的位数;设 M' 是 M 的某个已知的变换,即 $M'=f(M)$,则 $C_K(M)=C_K(M')$ 的概率为 2^{-n}.

Hash 函数

Hash 函数是通常用作计算认证符或信息摘要的加密函数,Hash 函数 $h(x)$ 必须满足:

(1) 单向,对任何给定的 y,找到 x 使得 $h(x)=y$ 在计算上是不可行的.

(2) 压缩,它是将任意长的消息 M 映射为定长的散列值 $y=h(x)$ 的函数,通常输出长度 $r \geqslant 128$b;以该值作为认证符,这个输出串 y 称为该消息 M 的摘要.

(3) 高效,对任何给定的 x,计算 $y=h(x)$ 具有计算容易、运算速度快的特点.

(4) 抗碰撞,若找到两个不同消息得到同一个值则说找到了碰撞.抗弱碰撞性:对任何给定的消息 x,找到满足 $x_1 \neq x$ 且 $h(x_1)=h(x)$ 的 x_1 在计算上是不可行的;抗强碰撞性:找到所有满足 $h(x_1)=h(x)$ 的偶对 (x_1, x) 在计算上是不可行的.

Hash 函数又称为散列函数或杂凑函数,$h(x)$ 又称为散列值.

常用简单的 Hash 函数:

(1) 直接取余法:$h(x)=x \bmod p$,这里 p 是不接近 2^t 的一个大素数.

(2) 乘法取整法:$h(x)=\mathrm{trunc}((x/\mathrm{max}X) \cdot \mathrm{maxlongit}) \bmod p$,这里 $\mathrm{max}X$,$\mathrm{maxlongit}$ 都表示大整数.

(3) 平方取中法:$h(x)=x^2$ 的中间数;例如,若 x 为 k 位(不足前面用 0 补),x^2 为 $2k$ 位(不足前面用 0 补),平方后取中间 k 位.

例 5.1　假设 Hash 函数是采用简单的直接取余法,模数 p 是未知的,当找到了 $x>y$ 使得 $x \equiv y(\bmod p)$,即找到了碰撞,那么 $p \mid (x-y)$,分解 $x-y$ 就可求出 p.反之,若知道了 p,则可以找出所有碰撞.

著名的和复杂的 Hash 算法一般包含分组、迭代、压缩和置换等.

常见的 Hash 算法有:

(1) MD4(RFC 1320)是 MIT 的 Ronald L. Rivest 在 1990 年设计的,MD 是 Message Digest(消息摘要)的缩写.它适用在 32 位字长的处理器上用高速软件实现,它是基于 32 位操作数的位操作来实现的.

(2) MD5(RFC 1321)是 Rivest 于 1991 年对 MD4 的改进版本.它对输入仍以 512 位分组,其输出是 4 个 32 位字的级联,与 MD4 相同.MD5 比 MD4 复杂,运行速度较之要慢,但更安全,在抗分析和抗差分方面表现更好.

MD5 算法的步骤：

① 填充消息：任意长度的消息首先需要进行填充处理，使得填充后的消息总长度与 448 模 512 同余.填充的方法是在消息后面添加一位 1，后续都是 0.

② 添加原始消息长度：在填充后的消息后面再添加一个 64 位的二进制整数表示填充前原始消息的长度.这时经过处理后的消息长度正好是 512 位的倍数.

③ 初始值（IV）的初始化：MD5 中有四个 32 位缓冲区，用（A，B，C，D）表示，用来存储散列计算的中间结果和最终结果，缓冲区中的值被称为链接变量.首先将其分别初始化为：$A=0x01234567$，$B=0x89abcdef$，$C=0xfedcba98$，$D=0x76543210$.

④ 以 512 位的分组对消息进行循环散列：消息以 512 位为单位，分成 N 个分组，用 $Y_0, Y_1, \cdots, Y_{N-1}$ 表示.对每个分组进行散列处理.每一轮的处理会对（A，B，C，D）进行更新.

⑤ 输出散列值：所有 N 个分组消息都处理完后，最后一轮得到的四个缓冲区的值即为整个消息的 128 位信息散列值.

王小云院士 2005 年在文献[15]中给出了破解 MD5 的方法.

（3）SHA-512（Secure Hash Algorithm，安全散列算法）是美国国家安全局（NSA）设计，美国国家标准与技术研究院（NIST）发布的密码散列函数.它以 1024 位分组为单位处理消息，进行 80 轮运算，所有的 N 个 1024 位分组都处理完，最后输出 512 位的消息散列值.

*（4）SM3 散列算法是国家商用密码管理局于 2010 年发布的商用散列算法[13]，将长度为 $L(L<2^{64})$ 位的消息 m，压缩输出为 256b 的摘要值；算法的基本过程为：填充、分组、初始化、压缩、输出摘要值.

SM3 算法的步骤：

① 填充与分组：对输入消息先填充，再分组，每组的长度为 512b，消息填充后的长度为 512b 的倍数；假设消息 m 的长度为 L 位，先将 1 添加到消息的末尾，再添加 k 个 0，k 是满足 $L+1+k\equiv448 \pmod{512}$ 的最小的非负整数，然后再添加一个 L 长度二进制表示的 64 位比特串.填充后的消息 m' 的比特长度为 512 的倍数.

例如：对消息 01100001 01100010 01100011，其长度 $L=24$，经填充得到比特串：

$$\underbrace{\quad\quad\quad}_{423\mathrm{b}}\quad\underbrace{\quad\quad}_{64\mathrm{b}}$$

01100001 01100010 01100011 1 00…00 00…011000

② 初始化 SM3 采用 8 个寄存器 $ABCDEFGH$ 存储散列运算中间结果和最终结果. 首先对寄存器进行初始化为

IV = 7380166f4914b2b9 172442d7 da8a0600 a96f30c 163138aae38dee4d b0f00e4f；

这些字节采用高端（big-endian）格式存储，高端格式存储规定：左边为高有效位，右边为低有效位. 数的高阶字节放在存储器的低地址，数的低阶字节放在存储器的高地址.

③ 压缩迭代过程

• 迭代过程 以 512 位的分组为单位进行迭代压缩计算，将填充后的消息 m' 按 512 比特进行分组，$m' = Y_0 Y_1 \cdots Y_{n-1}$，其中 $n = (L+k+65)/512$.

对 m' 按下列方式迭代：

for $j = 1$ to $n-1$ do
$\quad V_{i+1} = CF(V_i, Y_i)$
od

其中 CF 是压缩函数，V_0 为 256 位初始值 IV，Y_i 为填充后的消息分组. 迭代压缩的结果为 V_n.

• 消息扩展 将消息分组 Y_i 扩展为 132 个字 $W_0, W_1, \cdots, W_{67}, W_0'$, $W_1', \cdots, W_{63}'$，用于压缩函数 CF，算法如下：

将消息分组 Y_i 划分为 16 个字 $W_0, W_1, \cdots, W_{15}$.

for $j = 16$ to 67 do
$\quad W_j \leftarrow P_1(W_{j-16} \oplus W_{j-9} \oplus (W_{j-3} <<< 15)) \oplus (W_{j-13} <<< 7) \oplus W_{j-6}$
od
for $j = 0$ to 63 do
$\quad W_j' = W_j \oplus W_{j+4}$
od

这里，$\oplus$ 表示 32 位异或运算，$<<<k$ 表示循环左移 k 位运算，P_1 为置换函数.

• 压缩函数 令 A, B, C, D, E, F, G, H 为字寄存器，$SS1, SS2, TT1, TT2$ 为中间变量，压缩函数 $V_{i+1} = CF(V_i, Y_i)$，$0 \leqslant i \leqslant n-1$，算法如下：

$V_{i+1} \leftarrow ABCDEFGH \oplus V_i$
for $j = 0$ to 63 do

$$SS1 \leftarrow ((A<<<12)+E+(T_j<<<j))<<<7$$
$$SS2 \leftarrow SS1 \oplus (A<<<12)$$
$$TT1 \leftarrow FF_j(A,B,C)+D+SS2+W'_j$$
$$TT2 \leftarrow GG_j(E,F,G)+H+SS1+W_j$$
$$D \leftarrow C$$
$$C \leftarrow B<<<9$$
$$B \leftarrow A$$
$$A \leftarrow TT1$$
$$H \leftarrow G$$
$$G \leftarrow F<<<19$$
$$F \leftarrow E$$
$$E \leftarrow P_0(TT2)$$

od

最后输出为摘要值. 其中, T_j 为常量, $T_j = \begin{cases} 79cc4519, & 0 \leqslant j \leqslant 15, \\ 7a879d8a, & 16 \leqslant j \leqslant 63. \end{cases}$

FF_j 和 GG_j 是布尔函数, 字寄存器为 4 字节

$$FF_j(A,B,C) = \begin{cases} A \oplus B \oplus C, & 0 \leqslant j \leqslant 15, \\ (A \wedge B) \vee (A \wedge C) \vee (B \wedge C), & 16 \leqslant j \leqslant 63; \end{cases}$$

$$GG_j(E,F,G) = \begin{cases} E \oplus F \oplus G, & 0 \leqslant j \leqslant 15, \\ (E \wedge F) \vee (\neg E \wedge G), & 16 \leqslant j \leqslant 63. \end{cases}$$

这里 $\wedge$ 表示 32 位与运算, $\vee$ 表示 32 位或运算, $\neg$ 表示 32 位非运算.

P_0 为置换函数, $P_0(X) = X \oplus (X<<<9) \oplus (X<<<17)$; $P_1(X) = X \oplus (X<<<15) \oplus (X<<<23)$, X 为字.

例 5.2 18 位身份证号码最后一位校验码的计算方法. 第二代公民身份号码是特征组合码, 由 17 位数字和 1 位校验码组成. 排列顺序从左至右依次为: 6 位数字地址码, 8 位数字出生日期码, 3 位数字顺序码男单女双, 1 位数字校验码.

校验方法:

(1) 先对身份证前 17 位数字的加权求和, $S = \mathrm{Sum}(A_i \cdot W_i)$, $i = 0, 1, \cdots,$ 16, 这里 A_i 表示第 i 个位置上的身份证号码数字值, W_i 表示第 i 位给的加权因子, W_i 分别为: 7 9 10 5 8 4 2 1 6 3 7 9 10 5 8 4 2.

(2) 计算 $Y = S \bmod 11$, 通过模运算得到对应的值 Y: 0 1 2 3 4 5 6 7 8 9 10.

(3) 用 X 代替 10, 进行置换, 得到校验码: 1 0 X 9 8 7 6 5 4 3 2.

5.1.2 数字签名

数字签名也是一种认证机制,它是公钥密码学发展过程中的一个重要组成部分,是公钥密码算法的典型应用.数字签名的应用过程是,数据源发送方使用自己的私钥对数据校验和对其他与数据内容有关的信息进行处理,完成对数据的合法"签名",数据接收方则利用发送方的公钥来验证收到的消息上的"数字签名",以确认签名的合法性.

数字签名要满足条件:

(1) 签名的结果必须是与被签名的消息相关的二进制位串;

(2) 签名必须使用发送方某些独有的信息(发送者的私钥),以防伪造和否认;

(3) 产生数字签名比较容易;

(4) 识别和验证签名比较容易;

(5) 给定数字签名和被签名的消息,伪造数字签名在计算上是不可行的;

(6) 保存数字签名的拷贝,并由第三方仲裁是可行的.

数字签名的一般流程:

(1) 消息发送方式与散列函数对消息进行计算,得到消息的散列值,并用自己的私钥对消息散列值进行计算,得到一个较短的数字签名串,将这个数字签名和消息一起发送给接收方.

(2) 接收方首先从接收到的消息中用同样的散列函数计算出一个消息摘要,然后使用这个消息摘要、发送者的公钥以及收到的数字签名,进行数字签名合法性的验证.

Schnorr 数字签名 1989 年,Schnorr 发布了如下数字签名:

设 p,q 是两个素数,满足 $p-1=qt,q \geqslant 2^{160}, p \geqslant 2^{512}$,找模 p 的原根 $g,a \equiv g^t (\bmod p)$,则 $E(a,p)=q$. 要签名的消息为 $M,0 < M < p$. 签名者随机选择一整数 $x,1 < x < q$,并计算:$b \equiv a^x (\bmod p)$,这里 p,q,a,b 是公钥,x 是私钥,随机选取 $1 < k < q$,计算 $h = H(r,M),s \equiv k-xh (\bmod q)$,这里 $H(r,M)$ 表示散列函数,r 表示函数值长度,(h,s) 即为 M 的签名.签名者将 M 和 (h,s) 存放或发送给验证者.

验证者获得 M 和 (h,s),需要验证 (h,s) 是否是 M 的签名.

因为 $a^s b^h = a^{k-xh+tq} a^{xh} \equiv a^k (\bmod p)$,检查是否 $a^s b^h \equiv a^k (\bmod p)$,若该式成立,则 (h,s) 为 M 的合法签名.

例 5.3 取 $q=101,p=78q+1=7879$ 是两个素数,模 p 的原根为 $3,a=$

$3^{78} \equiv 170 (\mathrm{mod}\, 7879)$，则 $E(170, 7879) = 101$. 要签名的消息为 $M, 0 < M < p$. 签名者随机选择一整数 $x = 75 < q$，并计算：$b = 170^{75} \equiv 4567 (\mathrm{mod}\, 7879)$，这里 p, q, a, b 是公钥，x 是私钥，随机选取 $1 < k = 50 < q$，计算

$$h = H(r, M) = 96, \quad s = 50 - 75 \times 96 \equiv 21 (\mathrm{mod}\, 101), \quad (h, s) = (96, 21)$$ 即为 M 的签名. 签名者将 M 和 (h, s) 发送给验证者.

验证者获得 M 和 (h, s)，验证 (h, s) 是否是 M 的签名.

$$a^s b^h = 170^{21} 4567^{96} \equiv 2518 (\mathrm{mod}\, 7879), \quad a^k = 170^{21} \equiv 2518 (\mathrm{mod}\, 7879),$$ 则 $(h, s) = (96, 21)$ 为合法签名.

公钥数字签名

Alice 向 Bob 进行签名，有以下特点：① Alice 不能否认进行了签名；② Bob 不能篡改 Alice 的签名.

为了表述简单，记 Alice 的公钥和私钥分别为 E_A 和 D_A，Bob 的公钥和私钥分别为 E_B 和 D_B，公钥都提供给对方.

Alice 先对 m 变换，计算 $E_B(D_A(m)) = C$，将 C 发给 Bob；

Bob 收到后，计算 $E_A(D_B(C)) = m$.

这时，Alice 不能否认进行了签名，因为 Bob 可举证由 C 算得 m；

Bob 也不能篡改 Alice 的签名，因为 Alice 可举证由 m 算得 C.

ElGamal 公钥，RSA 公钥，椭圆曲线公钥等都可用于钥数字签名.

* 美国数字签名标准 DSS

DSS 采用 SHA 散列算法，给出了一种数字签名算法，称为 DSA. DSA 的系统参数选择如下：

p：512 位的素数，其中 $2L-1 < p < 2L$，$512 \leqslant L \leqslant 1024$，且 L 是 64 的倍数，即 L 的位长在 512 至 1024 之间并且其增量为 64 位.

q：160 位的素数且 $q | (p-1)$.

g：满足 $g = h^{(p-1)/q} \,\mathrm{mod}\, p, h > 0$.

H：为散列函数.

x：用户的私钥，$0 < x < q$.

y：用户的公钥，$y = g^x \,\mathrm{mod}\, p$.

p, q, g 为系统发布的公共参数，与公钥 y 公开；私钥 x 保密.

签名：设要签名的消息为 $M, 0 < M < p$. 签名者随机选择整数 $k, 0 < k < q$，计算：

$$r = (g^k \,\mathrm{mod}\, p) \,\mathrm{mod}\, q,$$
$$s = [k^{-1}(H(M) + xr)] \,\mathrm{mod}\, q,$$

(r,s)即为 M 的签名. 签名者将 M 连同(r,s)一起存放,或发送给验证者.

验证: 验证者获得 M 和(r,s),需要验证(r,s)是否是 M 的签名. 首先检查 r 和 s 是否属于$[0,q]$,若不是,则(r,s)不是签名值. 否则,计算:

$$w = s^{-1} \bmod q,$$
$$u_1 = (H(M)w) \bmod q,$$
$$u_2 = rw \bmod q,$$
$$v = ((g^{u_1} y^{u_2}) \bmod p) \bmod q.$$

如果 $v = r$,则所获得的(r,s)是 M 的合法签名.

仲裁数字签名 仲裁签名中除了通信双方外,还有一个仲裁方;发送方 A 发给 B 的每条签名的消息都先发送给仲裁者 T,T 对消息及其签名进行检查以验证消息源及其内容,检查无误后,给消息加上日期再发送给 B,同时指明该消息已通过仲裁者的检验.

仲裁数字签名较普通签名需要多一步处理,仲裁者的加入使得对于消息的验证具有了实时性.

用对称密钥的仲裁:

(1) A→T: $M \parallel E_{KAT}[ID_A \parallel H(M)]$;

(2) T→B: $E_{KTB}[ID_A \parallel M \parallel E_{KAT}[ID_A \parallel H(M)] \parallel T]$.

用公钥用对称密钥的仲裁:

(1) A→T: $ID_A \parallel E_{PRA}[ID_A \parallel E_{PUB}(E_{PRA}[M])]$;

(2) T→B: $E_{PRT}[ID_A \parallel E_{PUB}[E_{PRA}[M]] \parallel T]$.

5.1.3 生日攻击

生日攻击是对 Hash 函数的一种攻击方法,来自于概率统计中的生日问题: 在 n 个人中随机选取 k 个人,当 k 为多大时能保证有两个人的生日是相同的? 你可能会说答案是 366,因为一非闰年有 365 天,根据鸽笼原理,如果有 366 个人,那么其中两个人必定会在同一天过生日. 但用统计学的方法来考虑生日问题之后会发现,所需要的人数 k 远小于 366. 假设至少有两个人同一天生日的概率为 $P(k)$,首先 k 个人的生日排列的总数目是 365^k,这样,k 个人有不同生日的排列数为: $365(365-1)\cdots(365-k+1) = 365! / (365-k)!$,因此,$k$ 个人有不同生日的概率为该数除以 365^k,因此 k 人中至少找到两个人同日出生的概率是

$$P(k) = 1 - 364! / ((365-k)! \ (365)^{k-1}).$$

如 $P(23) \approx 0.5072972343, P(70) \approx 0.9991595760, P(100) \approx 0.9999996928.$ 只要随机选取 70 个人,这其中两个人有相同生日的可能性就是 99.9%.

这个分析也就是所谓"生日悖论".

生日攻击举例:

(1) Alice 使用 Hash 函数对消息 M 签名, $S=h(M)$, 使用假设 S 是一个 n 位的二进制散列值的数字签名.

(2) 攻击者 Trudy 为了伪造签名者签名的一份消息 E, 首先产生一份 Alice 会同意签名的无害消息, 再产生出该消息的 $2^{n/2}$ 种不同的微小变化, 这些变化不改变消息含义, 如加空格; 然后攻击者再伪造一条不同的消息, 并产生出不改变该消息含义的 $2^{n/2}$ 种变化.

(3) Trudy 在上述两个消息集合中找出可以产生相同散列值的一对消息. 根据"生日悖论"理论, 能找到这样一对消息的概率是非常大的. 如果不成功, 回到(2), 直至成功.

(4) Trudy 对所有的恶意消息 E_i 和所有的无害消息 G_i 计算 $h(E_i)$ 和 $h(G_i)$, 根据生日悖论, 可能找到 $h(E_k)=h(G_j)$, Trudy 再将 G_j 发给 Alice 要求签名, 这样 Turdy 就获得了 E_k 的签名.

由此分析可以看出, 一个 Hash 函数的好坏, 需要它能够使输出的值尽量分散, 减少输出值的碰撞.

*5.1.4 盲签名、代理盲签名

除了一般的数字签名, 还有**盲签名**、**代理盲签名**, 盲签名是 *Chaum* 在 1982 年首次提出的, 并利用盲签名技术提出了第一个电子现金方案. 盲签名由于具有盲性, 因此能有效的保护所签名的消息的具体内容, 所以在电子商务等领域有着广泛的应用.

盲签名允许消息发送者先将消息盲化, 再让签名者对盲化的消息进行签名, 最后消息拥有者对签名除去盲因子, 得到签名者关于原消息的签名.

盲签名除了满足一般数字签名条件外, 还必须满足:

(1) 签名者不知道其所签名的消息的具体内容;

(2) 签名消息不可追踪, 即当签名消息被公布后, 签名者无法知道这是他哪次签署的.

盲签名的步骤

A 期望获得对消息 m 的签名, B 对消息 m 的盲签名的实现描述如下:

盲化: A 对于消息进行处理, 使用盲因子合成新的消息 M 并发生给 B;

签名: B 对消息 M 签名后, 将签名(M,sign(M))返回给 A;

去盲: A 去掉盲因子, 从对 M 的签名中得到 B 对 m 的签名.

好的盲签名具有以下特征:

(1) 不可伪造性:除了签名者本人外,任何人都不能以他的名义生成有效的盲签名;

(2) 不可抵赖性:签名者一旦签署了某个消息,他无法否认自己对消息的签名;

(3) 盲性:签名者虽然对某个消息进行了签名,但他不可能得到消息的具体内容;

(4) 不可跟踪性:一旦消息的签名公开后,签名者不能确定自己何时签署的这条消息.

代理签名的目的是当某签名人因某种原因不能行使签名权力时,将签名权委派给其他人替自己行使签名权.由原始签名者(部分)授权代理签名者,使代理签名者产生代替原始签名的签名就是代理数字签名.这个概念是由 *Mambo*,*Usada* 和 *Okamoto* 于 1996 年首先提出的,并且给出了一个代理签名方案.

MOU 代理盲签名

设 p 是一大素数,q 为 $p-1$ 的大素因子,$g \in Z_p^*$,且 $g^q \equiv 1 (\mod p)$,原签名者 A,代理签名者 B 的私钥为 $D_A, D_B \in \{1, 2, \cdots, q-1\}$;公钥分别为 $E_A = g^{D_A} \mod p, E_B = g^{D_B} \mod p$.

代理签名步骤如下:

(1) 产生代理密钥:A 随机选择 $k \in Z_p^*$,计算 $r = g^k \mod p$,然后计算代理签名密钥 $s = (D_A + kr) \mod q$;代理密钥的传递:A 将 (s, r) 以安全的方式发送给 B.

(2) 代理密钥的验证:B 检查等式 $g^s \equiv E_A r^r (\mod p)$ 是否成立,如果成立则接受,否则拒绝.

(3) 代理签名者对消息签名:对于消息 m,B 将 s 作为新的私钥(替代 D_A)使用签名算法产生对 m 的签名 $s_P = sig(s, m)$,然后将 (s_P, r) 作为他代表 A 对于消息 m 的数字签名(即代理签名).

(4) 代理签名的验证:接收方收到消息 m 和代理签名 (s_P, r),验证 $ver(E_A, (s_P, r), m) = true$,是否成立,如果成立则认为代理签名成立,否则拒绝.

盲签名的条件:假设 A 委托 B 进行代理签名,则签名必须满足 3 个最基本的条件:

(1) 签名接收方能够像验证 A 的签名那样验证 B 的签名;

(2) A 的签名和 B 的签名应当完全不同,并且容易区分;

(3) A 和 B 对签名事实不可否认.

5.1.5 零知识证明

在零知识证明中,可以在不泄漏任何秘密的情况下,证明他知道这个秘密.零知识证明可用于验证.零知识证明不是数学意义上的证明,只是概率证明.零知识证明可以用来设计不泄漏任何信息的身份认证,例如,设计准实名制认证.

例 5.4 图 5-1 是只有一个入口的扇形屋,A 要向 B 证明自己知道秘密,采用零知识证明,则 B 看着 A 从入口走向 C 点,该处可以看到秘密,这时 B 没有看到秘密,但是完全可以证明 A 知道秘密.

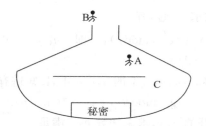

图 5-1 零知识证明示意图

例 5.5 零知识证明的 ElGamal 签名方案.

假设 A 告诉 B 说他知道 C 的 ElGamal 签名的密钥 x. B 要 A 给出证据,A 不想透露任何关于密钥 x 的信息给 B,又要给出证据证明他知道 C 的密钥 x,可以按以下方法实现零知识的证明.

(1) C 采用 ElGamal 签名,即找大素数 p 和 p 的原根 g,计算 $y \equiv g^x (\bmod p)$.公开 p, g, y, x 是私钥.

(2) A 和 B 商定一个随机的消息 M.

(3) A 选择两个随机数 k 和 n,其中 $(kn, p-1) = 1$,最好还满足 $(k, n) = 1$,其中 k 和 n 保密.计算 $a \equiv g^k (\bmod p)$,$c \equiv g^n (\bmod p)$,根据下式求 b:$M \equiv (xa + kb - n)(\bmod(p-1))$.即 $b \equiv k^{-1}(M - xa + n)(\bmod(p-1))$,A 把签名 (a, b, c) 发送给 B.

(4) B 验证 $y^a a^b \equiv cg^M (\bmod p)$.

B 验证后可以知道 A 是否知道 C 的密钥 x,但他没有得到任何关于 x 的信息,同时 B 也不能根据 A 透露的信息,伪造出消息 M 的签名 (a_1, b_1).

方法分析:

B 知道 A 给出的消息 M 的签名 (a,b,c),他若想根据这个信息伪造 M 的签名 (a_1,b_1),使得 a_1,b_1 满足 $y^{a_1}a_1^{b_1}\equiv cg^M(\bmod p)$.

B 只能固定 a_1 求 b_1 或固定 b_1 求 a_1. 现在他得到 A 给他的 M 的签名 (a,b,c).

(1) 当让 $a_1=a$,欲求 b_1 时,有

$$y^a a^b\equiv cg^M\equiv cy^{a_1}a_1^{b_1}(\bmod p).$$

从而有

$$a^b\equiv ca_1^{b_1}(\bmod p),\quad 即\quad a^{b-b_1}\equiv c(\bmod p).$$

它等价于求解方程 $m^x\equiv n(\bmod p)$.

(2) 当让 $b_1=b$,欲求 a_1 时,有

$$y^a a^b\equiv cg^M\equiv cy^{a_1}a_1^{b_1}(\bmod p),\quad 即\quad a_1^b\equiv c^{-1}y^a a^b(\bmod p).$$

它等价于求解 $x^m\equiv n(\bmod p)$.

(3) 或者 B 想从签名 (a,b,c) 中的 a,c 入手,B 知道有未知数 k,n 满足

$$a\equiv g^k(\bmod p),\quad c\equiv g^n(\bmod p).$$

它等价于 B 知道 C 公开的 a,y,求未知数 k,x 满足

$$a\equiv g^k(\bmod p),\quad y\equiv g^x(\bmod p).$$

从分析可看出,选择 $(k,n)=1$,能离散更好.

上面几种情况的难度都等价于离散对数问题,B 从 A 获得的信息求密钥 x 的难度等于 B 从 C 获得的信息求解密钥 x 的难度,等价于 B 直接从 C 公开的数据 p,g,y 获得信息的难度. A 可以通过此法向 B 证明自己是否拥有 C 的密钥 x,同时没有泄漏任何关于密钥 x 的信息给 B,而 B 也不能根据 A 给出的消息 M 的签名 (a,b,c) 来伪造消息 M 的合法签名.

5.1.6　数字水印

数字水印又称为指纹技术,是保护信息安全、实现防伪溯源、版权保护的有效办法. 数字水印将一些标识信息直接嵌入数字载体(文档、软件、多媒体等)当中或是间接表示(写入特定区域),且不影响原载体的使用,也不容易被找到和修改,但可以被生产方识别和辨认,通过这些隐藏在载体中的信息,可以检测内容创建者、购买者、传送隐秘信息、判断载体是否被篡改等. 一般数字水印相对于原信息而言只占很小比例.

水印又分为鲁棒水印和脆弱水印.

鲁棒水印主要用于在数字作品中标识著作权信息,利用这种水印技术在多

媒体内容的数据中嵌入创建者、所有者的标示信息,或者嵌入购买者的标示,如序列号.在发生版权纠纷时,创建者或所有者的信息用于标示数据的版权所有者,而序列号可用于追踪违反协议而为盗版提供多媒体数据的用户.用于版权保护的数字水印要求有很强的鲁棒性和安全性,除了要求在一般图像处理(如滤波、加噪声、替换、压缩等)中生存外,还要能抵抗一些恶意攻击.

脆弱数字水印主要用于完整性保护和认证,这种水印同样是在内容数据中嵌入不可见的信息.当原信息发生改变时,这些水印信息会发生相应的改变,从而可以鉴定原始数据是否被篡改.可以用认证符作为脆弱水印.

数字水印技术一般具有以下特点:

(1)安全性:数字水印的信息应难以篡改或伪造,同时,应当有较低的误检测率,当原内容发生变化时,数字水印应当发生变化,从而可以检测原始数据的变更.

(2)隐蔽性:数字水印不影响被保护数据的正常使用,应是察觉不到的.

(3)鲁棒性:该特性适用于鲁棒水印.是指在经历多种无意或有意的信号处理过程后,数字水印仍能保持部分完整性并能被准确鉴别.可能的信号处理过程包括信道噪声、滤波、数字信号与模拟信号的转换、重采样、剪切、位移、尺度变化以及有损压缩编码等.

(4)敏感性:该特性适用于脆弱水印.经过分发、传输、使用过程后,数字水印能够准确地判断数据是否遭受篡改;进一步地,可判断数据篡改位置、程度甚至恢复原始信息.

数字水印可划分为图像水印、音频水印、视频水印、文本水印以及用于三维网格模型的网格水印等.对于不同的水印,有相应的成熟的添加水印的方法.

例 5.6 利用像素的统计特征将信息嵌入像素的亮度值中.

Patchwork 算法:随机选择 N 对像素点(a_i, b_i),然后将每个 a_i 点的亮度值增加 1,每个 b_i 点的亮度值减少 1,这样整个图像的平均亮度保持不变.适当地调整参数,Patchwork 方法对 JPEG 压缩、FIR 滤波以及图像裁剪有一定的抵抗力,但该方法嵌入的信息量有限.为了嵌入更多的水印信息,可以将图像分块,然后对每一个图像块进行嵌入操作.

习题 5.1

用直接取余法和平方取中法,这里取模 $p = 907$,分别计算 $m = 6241$ 的 Hash 值,当 m 被改为 $m_1 = 6242, m_2 = 7241$,问它们的 Hash 值发生了什么改变?你发现了什么规律?

*5.2 校正码

5.2.1 信息码与检定码

网络通信时不能完全避免发生错误.一个简单的检错方法就是把传送的信号再送一遍,如两次不一致则必定有错;如果两次传递都出同样的错不就查不出来了吗? 但同时出错的可能性是多少? 假定一次出错的概率是 p,这里 p 必须是非常小,比如 p 是十万分之一,则两次同时出错的概率就是 p^2,即百亿分之一.碰到了这种同时出错的事,就好比天上一颗流星正好砸到了你头上,只能说是天意了.有时知道有错还不够,因一个信号被送两次而不相同,肯定是错了,但却不知谁对谁错,若每个信号传三次,取其多数,由概率看来,是极具有自动更正的功能的,但代价是否太大? 有没有更经济的方法?

为了说明原理,用数码 0,1 所组成的数字串来代表信号.现在计算机中英文通信所用的 ASCII 电码是由七位数码组成的.例如,a 是 1100001,b 是 1100010,1 是 0110001.因每位数有两个可能性,所以一共可以排出 $2^7 = 128$ 个不同的电码,表示英文大小写字母、标点符号,数字、希腊字母等符号.为了说明简洁,用两个数码来表示 4 个信号,即

数码　　00　　01　　10　　11

表示信号　a　　b　　c　　d

若是 a 为 00 误传成了 01,接收者会以为信号是 b,无法确定是否有错误,若每个信号传两次,即 a 以 0000 传,b 以 0101 传,等等.则如果 0000 错传成了 0100,则接收者就知道出错误了,但却不知它是来自 0000 还是 0101,由于二者都只含一个错误.当然 0100 也可能是由 1111 误传而来,但因出现多个错误比出现一个错误的机会小得多,最好的选择是假定只有一个错误,这是引用了统计学上常用的最大可能原则.也是日常推测事情真相的原则.之所以知道 0100 信号有错,是因为 0100 不在对方输出的码中,因对方只可以输出 0000,0101,1010,及 1111 的其中之一,可见若要能检错,输出码不能占用了全部可能的码字,为此,给出以下的定义.

定义 5.1 用 n 位 0 或 1 作为一个单元的输出输入信号,称为一个 n 位码系统,其中任一信号称为一个 n 位码字或码.

在 n 位码系统中,其前 $m(m \leqslant n)$ 位称为**信息码**,即要传的信号,而后 $t = n - m$ 位称为**检定码**,是用来检定或改正错误的.

以重复传送为例,其前两位是信息码,后两位是检定码,其中 $n=4, m=2$, $t=2$. 信号的表示是

信号	信息码	输送码	检定码
a	00	0000	00
b	01	0101	01
c	10	1010	10
d	11	1111	11

说检定 k 位是指可以知道至多有 k 位数码错了,而校正 k 位是指把至多有 k 位错的位置找出来.

用上面的重复输送码,可以检错一位,但不能更正错误,对检错一位的要求而言,这种重复输送是否是经济? 答案是否定的,在下面会谈到.

为了讲清楚校正码原理,先给出码字的表示和距离及离散度的概念.

令 $Z=\{0,1\}$,$Z^m=\{(x_1,x_2,\cdots,x_m)\mid x_i\in Z\}$ 表示信息码集合,则 m 位码字一共有 2^m 个元素. 同样用 Z^n 表示所有 n 位码的集合.

编码就是把 Z^m 中的元素嵌入到 Z^n 中去的映射,嵌入是表示前 m 个分量不变;以重复码为例,这个映射就是

$$f: Z^2 \to Z^4, \qquad (x_1,x_2) \mapsto (x_1,x_2,x_1,x_2).$$

令 $A=f(Z^m)$,即 A 为 Z^m 在 f 之下的像,称为输出码表. 显然,$A \subset Z^n$,向量 $(x_1,x_2,\cdots,x_m)$ 的分量 x_i 取具体的 0 或 1 时,一般不加逗点,例如 (0101).

定义 5.2 在编码中,如果在收到的 n 位码字中有 k 位或 k 位以下的错误时,能知道收到的码字有错,则说该编码能检定 k 位错误;若能校正此 k 位错误,则说该编码能校正 k 位错误.

对于一个 m 位的信息码,问题是最少要加上多少位的检定码 t,使之可以自动检定或更正不超过 k 位的错误? 这里,m 与 k 为已知数,而 t 为待定的数.

5.2.2 Hamming 距离与离散度

定义 5.3(Hamming 距离) 设 X,Y 为 Z^n 中的两个元素,规定 X 与 Y 之间的距离为 $H(X,Y)=X,Y$ 中不相同的数码个数.

例 5.7 设 $X=(1010)$,$Y=(1001)$,因 X 与 Y 第三、四位共有两位不相同,故 $H(X,Y)=2$.

若令 $\mathbf{0}=(0,0,\cdots,0)$,则 $H(X,\mathbf{0})=X$ 中含 1 的个数,用 $|X|$ 表示,称为 X

的长度.

令 $X = (x_1, x_2, \cdots, x_n), Y = (y_1, y_2, \cdots, y_n)$,加减运算按向量的加减运算定义,即 $X + Y = (x_1 + y_1, x_2 + y_2, \cdots, x_n + y_n)$,这里,$x_i + y_i (i = 1, 2, \cdots, n)$ 是在二元域 $Z = \{0, 1\}$ 中计算,即 $1 \pm 1 = 0 \pm 0 = 0, 1 \pm 0 = 0 \pm 1 = 1; 1 \cdot 1 = 1, 1 \cdot 0 = 0 \cdot 1 = 0$.这样 Z^n 就作成一个 Z 上的向量空间了.不难看出,若 Z^n 的一个非空子集 A 对加法封闭,则 A 就作成一个 Z^n 子空间.

由上面的讨论,可以看出 X, Y 的距离等于 $X + Y$ 中 1 的个数,且容易得到下面的一些性质.

定理 5.1 设 $X, Y, U \in Z^n$,则:

(1) $X + Y = X - Y$,特别地 $X = -X$;

(2) 若 $X \neq Y$,则 $X + Y \neq 0$;

(3) $H(X, Y) = |X - Y|$;

(4) $H(X, Y) \leqslant H(X, U) + H(U, Y)$(三角不等式).

定义 5.4 设 $A \subset Z^n, d(A) = \min\{|X - Y| | X \neq Y, \forall X, Y \in A\}$,称为 A 的离散度(disperse),即 $d(A)$ 为 A 中不同元素间距离的最小值.

定理 5.2 若 A 为 Z^n 的一个子空间,则 $d(A) = \min\{|X| | \forall 0 \neq X \in A\}$.

证 因 A 对加法封闭,而 $Z - Y = Z + Y = X$ 在 A 中有解,因此 $\min\{|Z - Y| | Z \neq Y, \forall Z, Y \in A\}$ 和 $\min\{|X| | \forall 0 \neq X \in A\}$ 是同一集合.

定理 5.3 设 A 为一码表,则它能检验出至多 k 位错误当且仅当 $d(A) \geqslant k + 1$.

证 设 $d(A) \geqslant k + 1, X_1$ 为 X 的误传.因 $|X_1 - X| \leqslant k$,而 $d(A) \geqslant k + 1$,故 X_1 不在 A 中,因此必定有错.

若 $d(A) \leqslant k$,则存在 $X, Y \in A, |X - Y| \leqslant k$,故 Y 可以认为是 X 的原像的误传,与假设可验出 k 个错误的要求不合.

由定理 5.3 可知,若要检定输送的码字是否有一个或一个以下的错误,得要有 $d(A) \geqslant 2$,若不加检定码,A 的元素皆为信息码,则 $d(A) = l$,不可能检定错误.因此至少要加一位检定数码.现在要证明只要加一位检定数码就足以检定一位的错误,因此重复输送是不必要的.令 $O(X)$ 表示 X 中 1 的个数的奇偶数(parity),容易证明下面的定理.

定理 5.4 若 $X \neq Y, O(X) = O(Y)$,则 $H(X, Y) \geqslant 2$.

因此,若 A 中元素均有相同的奇偶数,则可以检出在输送时出的一位错误.很容易使得所有码表中的元素都有相同的奇偶数,只要在信息码后加上一位奇偶检定码使之成为一个含有偶数个 1 的输送码就可以了,因此对前面的四个信号而言,可以检定一个错的编码法是令

$$a=000, \quad b=011, \quad c=101, \quad d=110.$$

奇偶检定码与原码字长度 m 无关,奇偶检定码在信息编码中被广泛使用,例如计算机中的 ASCII 码都是七位再加一位奇偶检定码.因此 a 实际是八位的 11000011.

若要使编码有检定两个错的功能,必须要 $d(A) \geqslant 3$,但对于检定多位错误,可以采用信息摘要的方式进行检定,这样更快更有效,例如余数的方式,无需采用离散度的方式.

5.2.3　校正码的检定码

校正码又称为纠错码,其理论和结果在信息通信中有着重要的应用.

定理 5.5　一个输出码表 A 能校正至多 k 位错码当且仅当 $d(A) \geqslant 2k+1$.

证　"$\Leftarrow$"设 $d(A) \geqslant 2k+1$.需要证明若 $X \neq Y$,X 误传成 X_1,Y 误传成 Y_1,其错误均不超过 k 个,则 $X_1 \neq Y_1$.

因 $|X-X_1| \leqslant k$,$|Y-Y_1| \leqslant k$,由 $|X-Y| \geqslant 2k+1$ 及三角不等式 $|X_1-Y| \leqslant |X_1-Y_1|+|Y_1-Y|$,得

$|X_1-Y_1| \geqslant |X_1-Y|-|Y-Y_1| \geqslant |X-Y|-|X-X_1|-|Y-Y_1| \geqslant 1$,即 X 与 Y 不可能混合误传.

"$\Rightarrow$"设 $d(A) \leqslant 2k$,则可找到 $X,Y \in A$,$|X-Y|=q \leqslant 2k$.不妨假定 X 与 Y 在前 q 个位置上不同,取 X_1 与 X 仅在前 k 个位置上不同,则

$$|X_1-X|=k, \quad |X_1-Y|=q-k \leqslant 2k-k=k.$$

因不知 X_1 是来自 X 还是来自 Y,故错误不能改正.

因此若要编一个可以改正 k 个(或 k 个以下)的校正码,只要在每个为 m 位的信息码后加若干位的数码,使得它的输送码有 $2k+1$ 的离散度就可以了.

定理 5.6　m 个数码的信息码表 A,加上 t 位检错码,使能校正至多 k 位错误,则 t 必满足:$1+C_n^1+C_n^2+\cdots+C_n^k$,其中 $n=m+t$.

证　在 A 中有 2^m 个码字,因为是校正码,任一码字错了 $0,1,\cdots,k$ 位时必不会与另一错了 $0,1,\cdots,k$ 位的码字相同.因为每个码字有 C_n^1 个与它差 1 位,C_n^2 个差 2 位,$\cdots$,加上自己,A 中每一个元素都占了 $1+C_n^1+C_n^2+\cdots+C_n^k$ 个码位,因 Z^n 只有 2^n 个元素,故 $(1+C_n^1+C_n^2+\cdots+C_n^k)2^m \leqslant 2^n=2^{m+t}$,消去 2^m 即可.

5.2.4　线性码

一般编码可以有多种变化,如果检定码为信息码的线性组合,则称为**线性码**,或**群码**.当要纠正的错误个数 $k=1$ 时,选择线性码较为简单.

$$f: \mathbf{Z}^m \rightarrow \mathbf{Z}^n, \quad A = f(\mathbf{Z}^m)$$

$(x_1, x_2, \cdots, x_m) \mapsto (x_1, x_2, \cdots, x_m, x_{m+1}, \cdots, x_{m+t}) = (x_1, x_2, \cdots, x_m)(\mathbf{E}, \mathbf{D})$，这里 $\mathbf{E}$ 是 m 阶单位矩阵，$\mathbf{D}$ 是 $m \times t$ 矩阵，$n = m + t$，这时线性码可简记为 $f: \mathbf{X}_m \mapsto \mathbf{X}_n = \mathbf{X}_m(\mathbf{E}, \mathbf{D}) = f(\mathbf{X}_m)$，找 $\mathbf{D}$ 使得 $d(A) \geqslant 2k + 1$ 是制造校正码的关键，但这个原理并不复杂[17].

令 $\mathbf{V} = \begin{pmatrix} \mathbf{D} \\ \mathbf{E}_t \end{pmatrix}$，若 $\mathbf{X}_n = (x_1, x_2, \cdots, x_n)$，则

$$\mathbf{X}_n \mathbf{V} = (\mathbf{X}_m, \mathbf{X}_m \mathbf{D}) \begin{pmatrix} \mathbf{D} \\ \mathbf{E}_t \end{pmatrix} = \mathbf{X}_m \mathbf{D} + \mathbf{X}_m \mathbf{D} = \mathbf{0},$$

注意这里加法是二元域内计算.

将 $\mathbf{V}$ 按行分块 $\mathbf{V} = \begin{pmatrix} v_1 \\ v_2 \\ \vdots \\ v_n \end{pmatrix}$，则有 $\mathbf{X}_n \mathbf{V} = \sum_{i=1}^{n} x_i v_i = 0$，由此有下面的结论.

定理 5.7　若没有 $2k$ 或 $2k$ 个以下的 $v_1, v_2, \cdots, v_n$ 加起来为 0，则
$$d(A) \geqslant 2k + 1.$$

证　由 $\sum_{i=1}^{n} x_i v_i = 0$，但没有 $2k$ 或 $2k$ 个以下的 $v_1, v_2, \cdots, v_n$ 加起来为 0，故 $x_1, x_2, \cdots, x_n$ 中 1 的个数 $\geqslant 2k + 1$，因此 $\forall \mathbf{0} \neq \mathbf{X} \in A, |\mathbf{X}| \geqslant 2k + 1$. 又因 A 是加法闭子集，故是 $\mathbf{Z}^n$ 的子空间，因此 $d(A) = \min_{\mathbf{X} \in A, \mathbf{X} \neq \mathbf{0}} |\mathbf{X}| \geqslant 2k + 1$.

定理 5.8　当 $k = 1$，则任何 n 个不同的 v_i 可以使得 $d(A) \geqslant 3$，又由此法知，此时 t 一定满足 $m \leqslant 2^t - t - 1$.

证　因为任意两个不同向量加起来不为 0，由定理 5.7，$d(A) \geqslant 3$.

因为 t 位检定码一共有 $2^t - 1$ 个非 0 向量. 又因 n 个 v_i 都不相同，$\mathbf{D}$ 各行不同且不同于 $\mathbf{E}$ 的各行，因此检定码 $\mathbf{X}_m \mathbf{D}$ 可取的就只有 $2^t - 1 - t = 2^t - t - 1$，因此 $m \leqslant 2^t - t - 1$.

当 $k = 1$，若不满足 $m \leqslant 2^t - t - 1$，则不满足 $d(A) \geqslant 2 + 1 = 3$，则不能制成任何校正码. 因此，当 $k = 1$，满足条件 $m \leqslant 2^t - t - 1$ 制出的校正码 t 最小.

例 5.8　汉明码是通过分组奇偶校验实现校正的一种线性码，可以自动更正不超过 1 个错误. 下面以 7 位信息码为例说明原理. 由定理 5.8，$7 \leqslant 2^t - t - 1$，因此，最小的检定码长度 $t = 4$. 设 $x_1, x_2, x_3, x_4, x_5, x_6, x_7$ 是信息码，$\oplus$ 表示异或运算，设奇偶检定码的分组为：

$$p_1 = x_1 \oplus x_2 \oplus x_4 \oplus x_5 \oplus x_7, \qquad p_2 = x_1 \oplus x_3 \oplus x_4 \oplus x_6 \oplus x_7,$$
$$p_3 = x_2 \oplus x_3 \oplus x_4, \qquad p_4 = x_5 \oplus x_6 \oplus x_7.$$

在收到码中计算:

$$s_1 = p_1 \oplus x_1 \oplus x_2 \oplus x_4 \oplus x_5 \oplus x_7, \qquad s_2 = p_2 \oplus x_1 \oplus x_3 \oplus x_4 \oplus x_6 \oplus x_7,$$
$$s_3 = p_3 \oplus x_2 \oplus x_3 \oplus x_4, \qquad s_4 = p_4 \oplus x_5 \oplus x_6 \oplus x_7.$$

如果所有 $s_i = 0$,则没有错误. $s_i = 1$ 就表示 p_i 报错,如果 s_1, s_2, s_3, s_4 中最多只有一个为 1,因为信息码的一个错误至少影响两位校验码,所以信息码没错;从 s_1, s_2, s_3, s_4 的值就可以知道错误的位置了(见表 5-1). 例如,(s_1, s_2, s_3, s_4) 的值为 1100,因为只有 p_1 和 p_2 都包含 x_1,所以知道是 x_1 错了.

表 5-1   m=7,k=1 时校正码原理

收到的信息码 ×表示该码字错误							校验子			
x_1	x_2	x_3	x_4	x_5	x_6	x_7	s_1	s_2	s_3	s_4
×							1	1	0	0
	×						1	0	1	0
		×					0	1	1	0
			×				1	1	1	0
				×			1	0	0	1
					×		0	1	0	1
						×	1	1	0	1

汉明码一般将校验位放在 2 的幂位上,顺序为 $p_1, p_2, x_1, p_3, x_2, x_3, x_4, p_4, x_5, x_6, x_7, \cdots$. 奇偶检定码可以采用下列方法分组:

将 $1, 2, 3, \cdots$ 化为二进制数,由上到下排列如下:

1	0001	p_1
2	0010	p_2
3	0011	x_1
4	0100	p_3
5	0101	x_2
6	0110	x_3
7	0111	x_4
8	1000	p_4
9	1001	x_5
10	1010	x_6
11	1011	x_7
⋮	⋮	

从二进制数右数第一列中的 1,就表示 p_1 包含右边的 x_i,右数第二列中的 1,就表示 p_2 包含右边的 x_i,…….

若 m 较大时，A 有 2^m 个元素，比较计算量较大，令

$$e_0 = (0 \cdots 0), \qquad e_i = (0 \cdots 01\overset{i}{0} \cdots 0),$$

因为只有 1 位出错，故必有 $i \in \{1, 2, \cdots, n\}$，使得 $\overline{X} + e_i \in A$，故 $(\overline{X} + e_i)V = 0$，即 $\overline{X}V = e_iV$，故只要比较 $\overline{X}V$ 和 e_iV. 当 $m \geq 4, 2^m \gg n + 1$，这样比较可以显著提高效率.

5.2.5　循环码与 BCH 码

当要纠正的错误个数 k 大于 1 时，编码要复杂得多，一般用循环码.

对循环码而言，假如 n 位序列 $c = (c_0, c_1, \cdots, c_{n-1})$ 是有效字码，将字码 c 循环地向左移一个位置得到的序列 $(c_1, c_2, \cdots, c_{n-1}, c_0)$ 也是有效字码. 其特点是码的结构可用代数的方法来表示、分析与构造，可反复利用移位寄存器. 例如，n 位码 $c = (c_0, c_1, \cdots, c_{n-1})$ 相对应的 $n-1$ 次多项式为 $c(x) = c_0 + c_1 x + \cdots + c_{n-1} x^{n-1}$，可用来表示、分析与构造循环码.

将字码 c 循环地向左移一个位置，则循环算子就可以描述为 $L(c(x)) = xc(x) \bmod (x^n - 1)$. 任取一个码字 c，集合 $\{c, L(c), L^2(c), L^3(c), \cdots\}$ 及其线性组合，构成了一个线性循环子码，c 就称为这个线性循环子码的生成元. 设给定生成元所对应的多项式为 $c(x)$，则对任何一个多项式 $a(x)$，有 $a(x)c(x) \bmod (x^n - 1)$ 为许用码字.

BCH 码是一类重要的循环码，以发现者（Bose-Chaudhurl-Hocquenghem）第一个字母命名，是自 1959 年发展起来的一种能纠正多位错误的循环码. 设 F_q 是一有限域，其中 q 是素数或素数的幂，$(n, q) = 1$，F_q 上的 $[n, k]$ 循环码 C 的生成多项式按如下方法构成.

设 m 是满足 $q^m \equiv 1 \pmod{n}$ 的最小正整数，通常称为 q 对模 n 的指数. 设 α 是域 $\mathrm{GF}(q)$ 的单位原根，$m^{(i)}(x)$ 是 α^i 的极小多项式，则生成多项式为

$$g(x) = \mathrm{lcm}(m^{(b)}(x), m^{(b+1)}(x), \cdots, m^{(b+d-2)}(x)),$$

其中 lcm 表示最小公倍式，且 $b \geq 0, d \geq 1$，这时，C 为设计距离为 d 的一个 q 元 BCH 码. 设 $g(x)$ 的次数 $\partial(g(x)) = n - k$，校验多项式 $h(x)$ 的次数 $\partial(h(x)) = k$，且 $g(x)h(x) = x^n - 1$，则码字 $c = (c_0, c_1, \cdots, c_{n-1}) \in C$ 对应的码字多项式 $c(x) = c_0 + c_1 x + \cdots + c_{n-1} x^{n-1} = a(x)g(x)$，其中 $a(x) \in F_q[x]$，$\partial[a(x)] \leq k - 1$，$a(x)$ 称为与该码字对应的信息多项式.

由这个 $g(x)$ 所生成的分组长为 n 的循环码称为 BCH 码. 当 $b = 1$ 时，$n = q^m - 1$，称 C 为本原 BCH 码，当 $n = q^m - 1$ 的因数时，称 C 为非本原 BCH 码.

BCH 码的重要特性在于：设计距离为 d 的 BCH 码，可纠正至少 $(d-1)/2$ 个独立错误. 容易根据纠错能力要求来直接确定码的构造，它的编码过程，就是

根据码长和纠错位要求选择合适的生成多项式,再用循环码的编码方法进行. 然而,BCH 码的译码远比编码复杂,一直是编码理论研究中关注的重要课题.

BCH 码的纠错原理如下:

设 α 是有限域 $\mathrm{GF}(2^4)$ 的生成元或极小多项式 x^4+x+1 的根,即 $\alpha^4+\alpha+1=0$,因此 $\mathrm{GF}(2^4)=\{a_3\alpha^3+a_2\alpha^2+a_1\alpha+a_0\,|\,a_i\in\mathrm{GF}(2)\}$,构造矩阵

$$\boldsymbol{H}=\begin{pmatrix} 1 & \alpha & \alpha^2 & \alpha^3 & \cdots & \alpha^{14} \\ 1 & \alpha^3 & (\alpha^2)^3 & (\alpha^3)^3 & \cdots & (\alpha^{14})^3 \end{pmatrix}$$

由于 $\alpha^0=1,\alpha^1=\alpha,\alpha^2=\alpha^2,\alpha^3=\alpha^3,\alpha^4=1+\alpha,\alpha^5=\alpha+\alpha^2,\alpha^6=\alpha^2+\alpha^3,\alpha^7=\alpha^3+\alpha^4=1+\alpha+\alpha^3,\alpha^8=1+\alpha^2,\alpha^9=\alpha+\alpha^3,\alpha^{10}=1+\alpha+\alpha^2,\alpha^{11}=\alpha+\alpha^2+\alpha^3,\alpha^{12}=1+\alpha+\alpha^2+\alpha^3,\alpha^{13}=1+\alpha^2+\alpha^3,\alpha^{14}=1+\alpha^3,\alpha^{15}=1$;

用 $(0101)^{\mathrm{T}}$ 表示 $\alpha+\alpha^3$,类似地,用 $(1011)^{\mathrm{T}}$ 表示 $1+\alpha^2+\alpha^3$,因为 $\alpha^9=\alpha+\alpha^3$,$\alpha^{13}=1+\alpha^2+\alpha^3$,所以 $(0101)^{\mathrm{T}}$ 表示的就是 α^9,$(1011)^{\mathrm{T}}$ 表示的就是 α^{13},因此

$$\boldsymbol{H}=\begin{pmatrix} 1 & 0 & 0 & 0 & 1 & 0 & 0 & 1 & 1 & 0 & 1 & 0 & 1 & 1 & 1 \\ 0 & 1 & 0 & 0 & 1 & 1 & 0 & 1 & 0 & 1 & 1 & 1 & 1 & 0 & 0 \\ 0 & 0 & 1 & 0 & 0 & 1 & 1 & 0 & 1 & 0 & 1 & 1 & 1 & 1 & 0 \\ 0 & 0 & 0 & 1 & 0 & 0 & 1 & 1 & 0 & 1 & 0 & 1 & 1 & 1 & 1 \\ 1 & 0 & 0 & 1 & 0 & 0 & 0 & 1 & 1 & 0 & 0 & 0 & 1 \\ 0 & 0 & 0 & 1 & 1 & 0 & 0 & 0 & 1 & 1 & 0 & 0 & 0 & 1 & 1 \\ 0 & 0 & 1 & 0 & 1 & 0 & 0 & 1 & 0 & 1 & 0 & 0 & 1 & 0 & 1 \\ 0 & 1 & 1 & 1 & 1 & 0 & 1 & 1 & 1 & 1 & 0 & 1 & 1 & 1 & 1 \end{pmatrix}$$

若在 h,k 两位发生错误,则校验子

$$\boldsymbol{S}=\begin{pmatrix} \alpha^h+\alpha^k \\ \alpha^{3h}+\alpha^{3k} \end{pmatrix}=\begin{pmatrix} z_1 \\ z_2 \end{pmatrix},$$

$$z_1=\alpha^h+\alpha^k,\quad z_2=\alpha^{3h}+\alpha^{3k}=(\alpha^h+\alpha^k)(\alpha^{2h}+\alpha^{h+k}+\alpha^{2k})=z_1(z_1^2+\alpha^{h+k}),$$

因此,$\alpha^h\alpha^k=\alpha^{h+k}=z_2/z_1+z_1^2$,故 α^h,α^k 是方程 $x^2+z_1x+(z_2/z_1+z_1^2)=0$ 的两个根.

若 $z_1=z_2=0$,则上式无矛盾,认为无差错;若 $z_2=z_1^3=\alpha^{3h}$,则认为有一位错误在 h 位. 因为每位只能是 0 或 1,所以知道了位置也就知道了如何改正.

例 5.9 BCH 纠错举例. 设在第 7,9 位发生错误,在下述计算前并不知道,计算

$$z_1=\begin{pmatrix}0\\0\\1\\1\end{pmatrix}+\begin{pmatrix}1\\1\\0\\0\end{pmatrix}=\begin{pmatrix}1\\1\\1\\1\end{pmatrix}=\alpha^{14},\quad z_2=\begin{pmatrix}0\\0\\0\\1\end{pmatrix}+\begin{pmatrix}0\\1\\0\\1\end{pmatrix}=\begin{pmatrix}0\\1\\0\\0\end{pmatrix}=\alpha=\alpha^{16}.$$

$$z_2/z_1 + z_1^2 = \alpha^2 + \alpha^{13} = \alpha^2 + 1 + \alpha^2 + \alpha^3 = \alpha^{14},$$

所以 $x^2 + \alpha^{14} x + \alpha^{14} = (x + \alpha^6)(x + \alpha^8) = 0$，根据上述原理，可知在 $7,9$ 位发生错误，这就验证了 BCH 纠错的正确性.

译码

译码或解码就是编码的逆过程，同时去掉在传播过程中混入的噪声或错误.校正码的译码是该编码能否得到实际应用的关键所在.译码往往比编码较难实现，对于纠错能力强的校正码更复杂.

RS 码

RS 码英文为 Reed-solomon codes，可以看作是个 BCH 码在 $q = p^m$ 元域上的拓展，是一种纠错能力很强的特殊的非二进制 BCH 码，其纠错原理和 BCH 码的纠错原理类似，是一种前向纠错的信道编码，对由校正过采样数据所产生的多项式有效；当接收器正确的收到足够的点后，它就可以恢复原来的多项式.例如，当 $q = 2^m (m > 1)$ 时，其码元符号取自于 GF(2^m) 的二进制 RS 码，可用来纠正突发差错，其特点是具有有效的译码算法，可以通过解关键方程来完成.

习题 5.2

1. 一个输出码表 A 能校正至多 2 位错码，则输出码表的离散度 $d(A)$ 必须大于多少？

2. 在例 5.8 的方案中，如果 $(s1,s2,s3,s4)$ 的值为 0110，问错位是哪一个？

5.3　秘密共享

秘密共享是一种将秘密分割存储的密码技术，目的是阻止秘密过于集中，以达到分散风险和容忍入侵的目的，是信息安全和数据保密中的重要手段.秘密共享的思想是将秘密以适当的方式拆分，由不同的参与者管理拆分部分，单个参与者无法恢复秘密信息，只有若干个参与者一同协作才能恢复秘密消息.

(t, n) 秘密共享

秘密 K 被拆分为 n 个份额共享秘密，任意 $t(2 \leqslant t \leqslant n)$ 个或更多个共享份额就可以恢复秘密 K，任何小于 t 个共享份额不能得到秘密 K.

秘密共享有如下好处：泄露多到 $t-1$ 个份额都不会危及密钥，且若一个份额丢失或损坏，还可恢复密钥.秘密共享的关键是怎样更好地设计秘密拆分方式和恢复方式.

例 5.10 设有一群人共享秘密,要求"任何一个人不知道秘密,但是任何两个人能知道秘密". 可以这样做:设置一条秘密斜线,然后宣布秘密就在斜线和 y 轴交点处,告诉每个人直线上一个不同点. 过一点的直线有无穷条,因此一个人不知道秘密,但两点决定一条直线,所以两个人知道秘密,如图 5-2 所示.

例 5.11 设有一群人共享秘密,要求"任何两个人不知道秘密,但是任何三个人能知道秘密". 可以设置一条秘密抛物线,然后宣布秘密就在抛物线和 y 轴的交点处,告诉每个人抛物线上一个不同点. 过两点的抛物线有无穷条,因此两个人不知道秘密,但三点决定一条抛物线,所以三个人知道秘密,如图 5-3 所示.

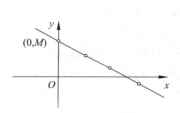

图 5-2　2 人共享秘密方案

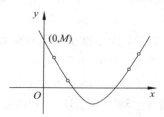

图 5-3　3 人共享秘密方案

例 5.12 设有 n 个人共享秘密,要求"任何少于 t 个人不知道秘密,但是任何 t 个人能知道秘密". 可以设置一个秘密 $t-1$ 次多项式,然后宣布秘密就在该多项式和 y 轴的交点处,告诉每个人该多项式上一个不同点. 设该多项式为 $y=a_{t-1}x^{t-1}+a_{t-2}x^{t-2}+\cdots+a_1x+a_0$,当点数 (x_i,y_i) 等于 t 时,可以通过解线性方程组

$$\begin{cases} a_{t-1}x_1^{t-1}+a_{t-2}x_1^{t-2}+\cdots+a_0=y_1, \\ a_{t-1}x_2^{t-1}+a_{t-2}x_2^{t-2}+\cdots+a_0=y_2, \\ \qquad\qquad\vdots \\ a_{t-1}x_t^{t-1}+a_{t-2}x_t^{t-2}+\cdots+a_0=y_t. \end{cases}$$

确定系数 $a_{t-1},a_{t-2},\cdots,a_0$,而当点数 (x_i,y_i) 小于 t 时,不能确定系数 a_{t-1}, $a_{t-2},\cdots,a_0$.

因为计算机在处理分数时是按照小数近似取值的,采用近似小数可能导致较大的偏差. 在实际运用时,一般选择足够大的素数 p,在模 p 的剩余系里计算.

例 5.13 $(3,6)$ 秘密共享方案. 设有 6 人共享秘密,要求"任何两个人不知道秘密,但是任何三个人能知道秘密".

设秘密抛物线为 $y=a_2x^2+a_1x+a_0$,然后宣布秘密就在该抛物线和 y 轴交点处,告诉每个人该线上一个不同点:$(2,9),(3,8),(5,7),(7,11),(9,9),(10,24)$,显然,任意两点不能确定该多项式,但三点可以确定. 以取前三点为例,

可得线性方程组

$$\begin{cases} a_2 2^2 + a_1 2 + a_0 = 9, \\ a_2 3^2 + a_1 3 + a_0 = 8, \\ a_2 5^2 + a_1 5 + a_0 = 7. \end{cases}$$

消去 a_0,得

$$\begin{cases} 5a_2 + a_1 = -1, \\ 16a_2 + 2a_1 = -1. \end{cases}$$

消去 a_1,得

$$6a_2 = 1, \quad a_1 = -11a_2, \quad a_0 = 12,$$

取素数 $p = 17$,17 大于这里的所有整数,有

$$6a_2 \equiv 1 \pmod{17}, a_1 \equiv -11a_2 \pmod{17}, a_0 \equiv 12 \pmod{17},$$

$$a_2 \equiv 18a_2 \pmod{17}, a_1 \equiv -11a_2 \equiv 1 \pmod{17}, a_0 \equiv 12 \pmod{17},$$

该多项式为 $y \equiv 3x^2 + x + 12 \pmod{17}$.

习题 5.3

在一个 $(2,4)$ 秘密共享门限方案中,已知 4 个人得到的点分别是 $(2,31)$, $(3,42)$, $(5,64)$, $(7,86)$,设计"任何一个人不知道秘密,但是任何两个人能知道秘密"的实现方案.

5.4 协议

网络协议的简称为协议,是机器在网络之间通信时的一种语言,网络协议是通信计算机双方必须共同遵从的一组约定.如怎么样建立连接、怎么样互相识别等.只有遵守这个约定,计算机之间才能相互通信交流.

网络安全协议

网络安全协议是营造网络安全环境的基础,是构建安全网络的关键技术.设计并保证网络安全协议的安全性和正确性能够从基础上保证网络安全,避免因网络安全等级不够而导致网络数据信息丢失或文件损坏等信息泄露问题.

网络安全协议按其功能可以分为:

(1)密钥交换协议.一般情况下是在参与协议的两个或者多个实体之间建立共享的秘密,通常用于建立在一次通信中所使用的会话密钥.

（2）认证协议.认证协议中包括身份认证协议、消息认证协议、数据源认证和数据目的认证协议等,用来防止假冒、篡改、否认等攻击.

（3）认证和密钥交换协议.这类协议将认证和密钥交换协议结合在一起,是网络通信中最普遍应用的安全协议.

认证协议

认证是证实信息交换过程有效性和合法性的一种手段,认证包括对通信对象的认证和消息内容的认证,通信对象的认证可以分为身份认证与设备认证,一般将设备之间的认证称为认证协议.

认证协议最常用的方法是采用"挑战/应答"方式,设备双方将通过这种"双方约定的协议"完成挑战/应答的认证过程.认证协议主要通过密码技术实现.

基于对称密码的认证协议,其特点是认证双方 A 和 B 同时分配了一个共享的对称密钥;基于公钥密码的认证协议,其基本思想是基于每方拥有公私钥对,公钥是公开、私钥保密,认证过程是验证对方是否具有其公钥所对应的私钥.双方一般是利用随机数或者时间标记进行挑战/应答交互.

基于密码学中的散列函数的认证协议,通过散列函数实现两个实体间的相互认证.

Diffie-Hellman 密钥交换协议是 W. Diffie 和 M. Hellman 于 1976 年提出的,获得了 2015 年图灵奖.此算法已在很多商业产品中得以应用.该算法的唯一目的是使得两个用户能够安全地交换密钥,得到一个共享的会话密钥.算法本身不能用于加、解密.该算法的安全性是基于离散对数的计算复杂性.算法如下.

假定 p 是一个素数,g 是其原根,将 p 和 g 公开。假设 A 和 B 之间希望交换会话密钥。

用户 A:随机选取私钥 x_A,$0<x_A<p-1$,计算公钥 $y_A \equiv g^{x_A} \pmod{p}$;用户 B:随机选取私钥 x_B,$0<x_B<p-1$,计算公钥 $y_B \equiv g^{x_B} \pmod{p}$;用户 A 计算 $K \equiv y_B^{x_A} \pmod{p}$;用户 B 计算 $K \equiv y_A^{x_B} \pmod{p}$;这两个值相等,验证通过。$K$ 称为会话密钥值(Session Key)。

例 5.14 设 Diffie-Hellman 协议中,素数 $p=101$,p 的原根 $g=18$,用户 A 的私钥 $x_A=13$,用户 B 的私钥 $x_B=19$。计算会话密钥值的 K 值,并写出验证过程.

解 A 的公钥:$y_A \equiv 18^{13} \equiv 27 \pmod{101}$,B 的公钥:$y_B \equiv 18^{19} \equiv 72 \pmod{101}$,$K$ 值为 $72^{13} \equiv (18^{19})^{13} \equiv 35 \pmod{101}$.

Diffie-Hellman 协议的验证过程:A 把 $y_A=27$ 发给 B;B 把 $y_B=72$ 发给 A.

验证：$27^{19}\equiv(18^{13})^{19}\equiv35(\bmod\ 101)$；$72^{13}\equiv(18^{19})^{13}\equiv35(\bmod\ 101)$. 这两个值相等，验证通过.

Diffie-Hellman 密钥交换协议容易受到中间人攻击. 一个主动的窃听者 C 可能截取 A 发给 B 的消息以及 B 发给 A 的消息，他用自己的消息替换这些消息，并分别与 A 和 B 完成一个 Diffie-Hellman 密钥交换. 密钥交换协议完毕后，A 实际上和 C 建立了一个会话密钥，B 和 C 建立了一个会话密钥. 当 A 加密一个消息发送给 B 时，C 能解密它而 B 不能. 类似地，当 B 加密一个消息发送给 A 时，C 能解密它而 A 不能. 防止 Diffie-Hellman 密钥交换协议中间人攻击的一个方法是让 A 和 B 分别对消息签名.

常见的网络安全协议有：网络层的安全协议 IPSec；传输层的安全协议 SSL/TLS.

应用层的安全协议有：SHTTP（Web 安全协议）；PGP（电子邮件安全协议）；S/MIME（电子邮件安全协议）；MOSS（电子邮件安全协议）；PEM（电子邮件安全协议）；SSH（远程登录安全协议）；Kerberos（网络认证协议）等.

并不存在最佳认证协议，一般对于一个特定的场景，一个认证协议是否最佳还依赖于多种因素. 例如 Kerberos 具有优点：通过对实体和服务的统一管理实现单一注册，也就是说用户通过在网络中的一个地方的一次登录就可以使用网络上他可以获得的所有资源，但是 Kerberos 也存在问题：①服务器的损坏将使得整个安全系统无法工作；②用户密钥是由用户口令生成的，可能受到口令猜测的攻击；③使用了时间戳，因此存在时间同步问题；④当该协议用于某一应用系统时，该系统的客户端和服务器端软件都要作修改.

5.5　访问控制

访问控制表示所有涉及系统资源访问的安全问题，主要包括身份认证和授权. 一个用户通过计算机系统认证后，并非意味着他具有对系统所有资源的访问权限. 访问控制的任务就是要根据一定的原则对合法用户的访问权限进行控制，以决定他可以访问哪些资源以及以什么样的方式访问这些资源.

5.5.1　身份认证

认证一般可以分为消息认证和身份认证. 消息认证用于保证信息的完整性和抗否认性. 通常用户要确认收到的信息是否真实，是否伪造，这就需要消息认证. 身份认证用于鉴别用户身份，包括识别访问者的身份和验证访问者声称的身份.身份认证是安全系统中的第一道关卡.

认证一般基于用户所知道的和拥有的,也可基于用户本身的生物特征.认证又可分为静态认证和动态认证、软件认证和硬件认证、单因子认证和双因子认证、单向认证和双向认证.

身份认证的方法

(1) 口令：即用户名/密码方式,是一种基于"用户所知道"的验证手段,每一个合法用户都有系统给的一个用户名/口令对,当用户要求访问提供服务的系统时,系统就要求输入用户名、口令,在收到口令后,将其与系统中存储的用户口令进行比较,以确认被认证对象是否合法.如果正确,则该用户的身份得到了验证.由于一般的操作系统都提供了对口令认证的支持,因此口令认证对于封闭的小型系统来说是一种简单可行的方法.但是口令是一种单因素的认证,它的安全性依赖于口令的保密.由于许多用户为了防止忘记口令,经常会采用容易被他人猜到的有意义的字符串作为口令,因此极易造成泄露.口令一旦泄露,用户即可被冒充.通常人们将口令称为密码,但是密码学中所说的密码通常包含密钥和加密算法.

动态口令方式是一种让用户的密码按照时间或使用次数不断动态变化,每个密码只使用一次的技术,采用动态密码卡,密码生成芯片运行专门的密码算法,根据当前时间或使用次数生成当前密码.用户将动态令牌上显示的当前密码输入,由这个信息的正确与否可识别使用者的身份.

动态口令采用一次一密的方法,不能由产生的内容去预测出下一次的内容.而且输入方便,能符合网络行为双方的需要.但是如果客户端硬件与服务器端程序的时间或次数不能保持良好的同步,就可能发生合法用户无法登录的问题,这使得用户的使用非常不方便.

由于计算机使用口令在传输过程中可能被截获,采用两端共同拥有一串随机口令,在该串的某一时段保持同步;两端共同使用一个随机序列生成器,在该序列生成器的初态保持同步;使用时,两端维持同步的时钟.

(2) 智能卡：IC 卡认证方式是一种基于"用户所拥有"的认证手段.通过 IC 卡硬件的不可复制性可保证用户身份不会被仿冒.但是由于每次从 IC 卡中读取的数据还是静态的,通过内存扫描或网络监听等技术还是很容易能截取到用户的身份验证信息.因此,静态验证的方式还是存在着根本的安全隐患.

USB Key 认证方式采用软硬件相结合、一次一密的强双因子认证模式,USB Key 是一种 USB 接口的硬件设备,它内置单片机或智能卡芯片,可以存储用户的密钥或数字证书,利用 USB Key 内置的密码学算法实现对用户身份的认证. USB Key 方便,成本低,安全可靠性高,是目前身份认证的主要手段之一.

（3）生物特征：用户本身的指纹、人脸、语音、笔迹等,采用计算机的强大功能和网络技术进行图像处理和模式识别. 采用生物特征技术使用者几乎不可能被仿冒. 但是到目前为止,辨识失败率还是偏高且成本也高.

只能进行单向认证,即系统可以认证用户,而用户无法对系统进行认证.

基于 DCE/Kerberos 的认证机制是一种安全的双向身份认证技术. Kerberos 既不依赖用户登录的终端,也不依赖用户所请求的服务的安全机制,它本身提供了认证服务器来完成用户的认证工作.

提问-握手认证协议（Challenge Handshake Authentication Protocol, CHAP）采用的是挑战/应答方法,它通过三次握手方式对被认证方的身份进行周期的认证,是一种安全性高的双向认证.

双向认证还可以通过基于公共密钥的数字签名实现.

例 5.15　动态电子口令卡设计举例. 令 m 是 t 时刻（如 2017 年 4 月 1 日 0 时）到目前的分钟的秒数,p 是一个 6 位大整数（如 $p=999773$）,每一个动态口令卡对应不同的 $(t, p)=t \bmod p$,同时服务器的数据库中有该用户对应的 (t, p),由于口令卡的时间和服务器的时间在同步流逝,保留两分钟的口令输入时间,即可保证各个动态口令卡安全使用. 进一步还可以对最后的结果进行置换或代换.

5.5.2　授权

访问控制（Access Control）：规定了服务器对用户访问的限制,并在身份识别的基础上,根据身份对提出资源访问的请求加以控制. 访问控制决定了谁能够访问系统,能访问系统的何种资源以及如何使用这些资源. 访问控制所要控制的行为主要有读取数据、运行可执行文件、发起网络连接等. 这些控制包括：

（1）**入网访问控制**　为网络访问提供了第一层访问控制,通过控制机制来明确能够登录到服务器并获取网络资源的合法用户、用户入网的时间和准许入网的工作站等. 基于用户名和口令的用户入网访问控制可分为三个步骤：用户名的识别与验证、用户口令的识别与验证和用户账号的缺省限制检查. 如果有任何一个步骤未通过检验,该用户便不能进入该网络.

（2）**网络权限控制**　网络权限控制是针对网络非法操作所提出的一种安全保护措施. 能够访问网络的合法用户被划分为不同的用户组,不同的用户组被赋予不同的权限.

（3）**目录级控制** 访问控制机制明确了不同用户组可以访问哪些目录、子目录、文件和其他资源等，指明不同用户对这些文件、目录、设备能够执行哪些操作等．对目录和文件的访问权限一般有八种：系统管理员权限、读权限、写权限、创建权限、删除权限、修改权限、文件查找权限和访问控制权限．

（4）**属性控制** 属性安全控制在权限安全的基础上提供更进一步的安全性．当用户访问文件、目录和网络设备时，网络系统管理员应该给出文件、目录的访问属性，网络上的资源都应预先标出安全属性，用户对网络资源的访问权限对应一张访问控制表，用以表明用户对网络资源的访问能力．属性设置可以覆盖受托者的有效权限．属性能够控制以下几个方面的权限：向某个文件写数据、拷贝文件、删除目录或文件、查看目录和文件、执行文件、隐含文件、共享、系统属性等，避免发生非法访问的现象．

还可以设定服务器登录时间限制、非法访问者检测和关闭的时间间隔等．

通过授权来限制用户可以对某一类型的资源进行何种类型的访问．当用户试图访问 Web 服务器时，服务器执行几个访问控制进程来识别用户并确定允许的访问级别．

关于授权，通常使用访问控制矩阵来限制主体对客体的访问权限．访问控制机制可以用 (S, O, A) 来表示，其中，S 代表主体集合（访问的发起者），O 代表客体集合（被访问对象），A 代表属性集合组成的矩阵，列出了主体 $s_i(i=1,2,\cdots,m)$ 对客体 $o_j(j=1,2,\cdots,n)$ 所允许的访问权限．

$$A = \begin{bmatrix} s_1 \\ s_2 \\ \vdots \\ s_m \end{bmatrix} \begin{pmatrix} o_1 & o_2 & \cdots & o_n \end{pmatrix} = \begin{bmatrix} a_{11} & a_{12} & \cdots & a_{1n} \\ a_{21} & a_{22} & \cdots & a_{2n} \\ \vdots & \vdots & & \vdots \\ a_{m1} & a_{m2} & \cdots & a_{mn} \end{bmatrix}.$$

5.5.3 防火墙

防火墙指的是一个由软件和硬件设备组合而成、在内部网和外部网之间、专用网与公共网之间的界面上构造的保护屏障，是一种获取安全性方法的形象说法，用来加强网络访问控制的特殊网络设备，保护网络免受非法用户的侵入．防火墙主要由服务访问规则、验证工具、包过滤和应用网关 4 个部分组成，防火墙就是一个位于计算机和它所连接的网络之间的软件或硬件．该计算机流入流出的所有网络通信和数据包均要经过此防火墙．

防火墙实际上是一种隔离技术，它能允许你"同意"的人和数据进入你的网络，同时将你"不同意"的人和数据拒之门外，最大限度地阻止网络中的黑客来访问你的网络.

防火墙具有很好的保护作用.入侵者必须首先穿越防火墙的安全防线,才能接触目标计算机.可以将防火墙配置成许多不同保护级别.高级别的保护可能会禁止一些服务,如视频流等,但至少这是你自己的保护选择.

防火墙类型可分成包过滤型防火墙、应用层网关型防火墙.

包过滤型防火墙可视为一种 IP 封包过滤器,运作在底层的 TCP/IP 协议堆栈上.只允许符合特定规则的封包通过,其余的一概禁止穿越防火墙(病毒除外,防火墙不能防止病毒侵入).这些规则通常可以经由管理员定义或修改,不过某些防火墙设备可能只能套用内置的规则.也能以另一种较宽松的角度来制定防火墙规则,只要封包不符合任何一项"否定规则"就予以放行.现在的操作系统及网络设备大多已内置防火墙功能.较新的防火墙能利用封包的多样属性来进行过滤,例如:来源 IP 地址、来源端口号、目的 IP 地址或端口号、服务类型(如 WWW 或是 FTP).也能经由通信协议、TTL 值、来源的网域名称或网段等属性来进行过滤.

应用层网关型防火墙就是常说的代理服务器,它的好处在于对连接和应用数据有一个完全彻底的检视.应用层网关通常被描述为第三代防火墙.当受信任网络上的用户打算连接到不受信任网络(如 Internet)上的服务时,该应用被引导至防火墙中的代理服务器.代理服务器可以毫无破绽地伪装成 Internet 上的真实服务器.它可以对请求进行评估,并根据一套单个网络服务的规则决定允许或拒绝该请求.

基本信息是在 TCP/IP 堆栈的"应用层"上运作,使用浏览器时所产生的数据流或是使用 FTP 时的数据流都是属于这一层.应用层防火墙可以拦截进出某应用程序的所有封包,并且封锁其他的封包.理论上,这一类的防火墙可以完全阻绝外部的数据流进到受保护的机器里,通过监测所有的封包并找出不符规则的内容,可以防范电脑蠕虫或是木马程序的快速蔓延.

个人防火墙

前面防火墙的技术都可以用于个人防火墙.个人防火墙是防止电脑中的信息被外部侵袭的一项技术,在系统中监控、阻止任何未经授权的数据进入或发出到互联网及其他网络系统.通常是一个位于计算机和它所连接的网络之间的软件.计算机与网络的所有通信均要经过此防火墙.

目前在 Windows 操作系统下比较知名的防火墙有 ZoneAlarm,Norton Personal Firewall,Sygate Personal Firewall,天网防火墙(中国),Malware Defender Malware Defender(中国 360)等.

防火墙设置

以 Windows 7 为例,单击开始按钮→控制面板→Windows 防火墙→打开或关闭防火墙.如果有特殊要求,可以进入高级设置进行逐项设置,例如入站规则和出站规则等.

5.6 公钥基础设施

5.6.1 PKI 基础设施

PKI(Public Key Infrastructure)是目前被广泛采用的公钥基础设施,是一种新的安全技术,它由证书发放机构 CA(Certificate Authority)、数字证书、公开密钥密码技术和关于公开密钥的安全策略等基本成分组成.采用证书管理公钥,通过 CA,把用户的公钥和用户的其他标识信息(如名称、e-mail、身份证号等)捆绑在一起,在 Internet 网上验证用户的身份,实现密钥的自动管理,保证网上数据的安全传输.PKI 是利用公钥和数字签名技术实现网络通信安全的一种体系.

Adams 和 Lloyd 给出的 PKI 的定义是:PKI 是通过公钥概念及技术实现和承载服务的普适性安全基础设施.

一个有效的 PKI 系统必须是安全的和透明的,用户在获得加密和数字签名服务时,不需要详细地了解 PKI 是怎样管理证书和密钥的.

一个完整的 PKI 应用系统至少应具有:

(1)公钥密码证书管理;

(2)黑名单的发布和管理;

(3)密钥的备份和恢复;

(4)自动更新密钥;

(5)自动管理历史密钥;

(6)支持交叉认证.

由于 PKI 基础设施是目前比较成熟、完善的 Internet 网络安全解决方案,国外的一些大的网络安全公司纷纷推出一系列的基于 PKI 的网络安全产品,如美国的 VeriSign、IBM,加拿大的 Entrust、SUN 等安全产品供应商为用户提供了一系列的客户端和服务器端的安全产品,为电子商务的发展以及政府办公网、EDI 等提供了安全保证.

5.6.2 密码算法

(1) 单钥密码算法

单钥密码算法,又称对称密码算法:是指加密密钥和解密密钥为同一密钥的密码算法.因此,信息的发送者和信息的接收者在进行信息的传输与处理时,必须共同持有该密码.通常,使用的加密算法比较简便高效,密钥简短,破译极其困难.由于系统的保密性主要取决于密钥的安全性,所以,在公开的计算机网络上安全地传送和保管密钥是一个严峻的问题.

(2) 双钥密码算法

双钥密码算法,又称公钥密码算法,是指加密密钥和解密密钥为两个不同密钥的密码算法.公钥密码算法使用了一对密钥,一个用于加密信息,另一个则用于解密信息,通信双方无需事先交换密钥就可进行保密.

(3) 认证码、数字签名

PKI 中广泛的使用了认证码和数字签名,以保护信息的完整性和不可否认性.

5.6.3 PKI 组成

所有用户都有一个可以被验证的标识,这就是数字证书.数字证书是各实体在网上信息交流及商务交易活动中的身份证明.利用公钥将实体与数字证书一一对应,为此,要使数字证书符合 X.509 国际标准,同时数字证书的来源必须是可靠的.CA 认证机构就是一个网上各方都信任的机构,专门负责数字证书的发放和管理,确保网上信息的安全,各级 CA 认证机构的存在组成了整个电子商务的信任链.数字证书认证中心是整个网上电子交易安全的关键环节.它主要负责产生、分配并管理所有参与网上交易的实体所需的身份认证数字证书.每一份数字证书都与上一级的数字签名证书相关联,最终通过安全链追溯到一个已知的并被广泛认为是安全、权威、足以信赖的机构:根认证中心.

一个典型、完整、有效的 PKI 应用系统至少应包括:认证机构 CA;证书和证书库;PKI 相关标准.

认证机构

认证机构 CA 是 PKI 的核心,负责管理 PKI 结构下的所有用户(包括各种应用程序)的证书,把用户的公钥和用户的其他信息捆绑在一起,在网上验证用户的身份.CA 的核心功能就是管理证书发放、证书更新、证书撤销和证书验证.

RA(Registration Authority)是数字证书注册审批机构.RA 系统是 CA 的证书

发放、管理的延伸,它负责证书申请者的信息录入、审核以及证书发放等工作,同时对发放的证书完成相应的管理功能.发放的数字证书可以存放于 IC 卡等存储介质中.RA 系统是整个 CA 中心得以正常运营不可缺少的一部分.

具体描述如下:

(1) 接收验证最终用户数字证书的申请;确定是否接受最终用户数字证书的申请和证书的审批;向申请者颁发、拒绝颁发数字证书;证书的发放.

(2) 接收、处理最终用户的数字证书更新请求,证书的更新;接收最终用户数字证书的查询、撤销;产生和发布证书废止列表,登记黑名单和发布黑名单.

(3) 数字证书的归档;密钥归档;历史数据归档.

为了实现上述功能,需要有:①注册服务器.通过 Web Server 建立的站点,可为客户提供每日 24 小时的服务.客户可在自己方便的时候在网上提出证书申请和填写相应的证书申请表.②证书申请受理和审核机构.随时接受客户证书申请并进行审核.③认证中心服务器.是数字证书生成、发放的运行实体,同时提供发放证书的管理、证书废止列表(CRL)的生成和处理等服务.

证书和证书库

证书是 PKI 的管理核心,在使用范围内的证书必须保持格式统一,格式遵循 ITU-T X.509 国际标准.证书内容包括:版本、序列号、签名算法标识、签发者、CA 的数字签名、有效期等,如格式的证书(X.509V3)和证书废止列表 CRL(X.509 V2).

证书库采用 X.500 系列目录服务器,用于发布用户的证书和黑名单信息,用户可通过标准的轻量目录访问协议(Lightweight Directory Access Protocol,LDAP),查询自己或其他人的证书和下载黑名单信息.

PKI 相关标准

PKI 包括很多协议标准、应用程序与 PKI 之间的关系以及相应的标准.PKI 标准使得多个 PKI 可以交互,并且使多个应用程序面对的是单一的、固定的接口.

PKI 的应用

PKI 主要应用于:基于 PKI 技术的 IPSec 协议为架构的虚拟专用网络(VPN);依赖于 PKI 技术的安全电子邮件协议 S/MIME,实现电子邮件安全发送和接收;Web 安全;基于 PKI 技术,结合 SSL 协议和数字证书,实现 Web 安全电子交易(SET)、认证等安全需求.

例 5.16 PKI 实现安全电子邮件案例.

流程大致为：用户向 CA 申请一个用于邮件加密的数字证书，然后将数字证书安装到邮件客户端，完成以后，用户就可以发送安全的电子邮件了．下面以 Outlook Express 为例，说明这个过程．

（1）单击 Outlook Express→工具→账户，分别建立发送邮件账户 user1 和接收邮件账户 user2．

（2）在打开的"Internet 账户"对话框中，单击属性→安全→签署证书→选择，选择对自己的电子邮件生成签名的数字证书，还可以在"加密首选项"选择加密电子邮件的数字证书，这时，可以看到申请到的电子邮件证书．单击"查看证书"可以看到证书信息，单击"确定"，证书安装成功．

（3）在 Outlook Express 中单击工具→选项→安全，在最下面区域选中"在所有待发邮件中添加数字签名"．单击高级→高级安全设置，可以选择加密邮件的位数、签名方案等．

（4）发送安全的电子邮件：将收件人添加到邮件通讯录中，在"数字标识"选项中，导入收件人的数字证书．写一封邮件，用自己的数字证书签名，然后发送给收件人，这时邮件已用收件人的公钥进行了加密．

（5）接收和验证安全的电子邮件：收件人收到的电子邮件中，会提示该邮件被签名和加密过，单击"继续"，就可以看到邮件的内容了．

习题 5.6

仿照例 5.16 PKI 实现安全电子邮件案例，在 Office 自带的 Outlook 中实现安全电子邮件，并将每步操作记录下来．

5.7　病毒和木马

计算机病毒(computer virus)是一个在计算机程序中插入的破坏计算机功能或者数据的程序，能够自我复制和影响计算机使用，就像生物病毒一样，具有自我繁殖、互相传染以及激活再生等生物病毒特征，能够快速蔓延，又常常难以根除．它们能把自身附着在各种类型的文件上，当文件被复制或从一个用户传送到另一个用户时，它们就随同文件一起蔓延开来．计算机病毒不是天然存在的，是人利用计算机软件和硬件所固有的脆弱性编制的一组指令集或程序代码．它能潜伏在计算机的存储介质或程序的空隙里，条件满足时即被激活，通过修改其他程序的方法将病毒程序本身精确拷贝或者演化后植入其他程序中．从而感染其他程序,对计算机资源进行破坏,危害性很大.

计算机病毒具有传播性、隐蔽性、感染性、潜伏性、可激发性、表现性或破坏性.计算机病毒的生命周期:开发期→传染期→潜伏期→发作期→发现期→消化期→消亡期.病毒的传染一般是两种方式:一是网络,二是 U 盘或存储卡.由于电子邮件的广泛使用,通过互联网邮件和网页传递的病毒要远远高于后者.

木马(Trojan),也称木马病毒,木马与计算机网络中常常要用到的远程控制软件有些相似,但由于远程控制软件是"善意"的控制,因此通常不具有隐蔽性.木马则完全相反,有很强的隐蔽性,木马要达到的是"偷窃"性的远程控制.它通过一段木马程序来控制另一台计算机.木马通常有两个可执行程序:一个是客户端,即控制端,另一个是服务端,即被控制端.而所谓的"黑客"正是利用"控制器"进入运行了"服务器"的计算机.运行了木马程序的计算机变为"服务器"后,该计算机就会有一个或几个端口被打开,使黑客可以利用这些打开的端口进入计算机系统.木马的设计者为了防止木马被发现,会采用多种手段隐藏木马.木马的服务一旦运行并被控制端连接,其控制端将享有服务端的大部分操作权限,例如给计算机增加口令,浏览、移动、复制、删除文件,修改注册表,更改计算机配置等.随着病毒编写技术的发展,木马程序对用户的威胁越来越大,尤其是一些木马程序采用了极其狡猾的手段来隐蔽自己,使普通用户很难在中毒后发觉.

为了避免中毒时的困扰,可以按下面的方法预防病毒和木马:

(1) 常常使用 Windows Update 的功能:因为很多病毒利用 Windows 本身的漏洞进行攻击,像这些利用 Windows 本身漏洞进行攻击的病毒,即使安装了杀毒软体,也未必能防范.

(2) 安装正规公司的杀毒软件和提供的防火墙,并随开机运行;经常更新病毒库.

(3) 不要轻易下载小网站的软件与程序.因为这些网站很有可能就是网络陷阱.

(4) 不要随便打开某些来路不明的 E-mail 与附件程序和链接.

(5) 不要在线启动、阅读某些可疑文件,否则您很有可能成为网络病毒的传播者.

(6) 从其他计算机拷贝文件到 U 盘,特别是学校机房的计算机多装有还原卡,不能及时升级系统补丁和病毒库,容易带有病毒或木马,所以拷贝 U 盘文件可以先用杀毒软件检查一遍,再执行安装或打开命令.

附录 A

课 程 实 验

A.1 实验 1 维吉尼亚密码的实现

实验目的

（1）帮助学生掌握维吉尼亚密码系统的加密、解密过程，能够利用所学过的编程语言，实现该密码系统．使学生理解改密码的算法，掌握编程实现实际问题中的方法，提高解决问题的能力．

（2）要求学生掌握算法的程序实现的方法，能应用密码算法的特点，设计合适的交互界面，并能正确实现应用编程．

（3）要求学生掌握用规范的方法书写实验报告．

实验仪器设备/实验环境

PC Windows 操作系统，使用 Java 语言编程，或者 MATLAB、Maple 编程．

实验原理

（1）字母和数字对应，计算结果取模 26 的最小非负完全剩余系的数．

a, b, c, d, e, f, g, h, i, j, k, l, m, n, o, p, q, r, s, t, u, v, w, x, y, z
0, 1, 2, 3, 4, 5, 6, 7, 8, 9, 10,11,12,13,14,15,16,17,18,19,20,21,22,23,24, 25

（2）加密方法如图 A-1 所示

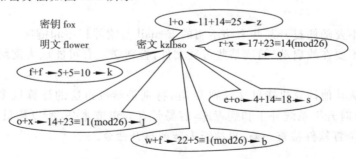

图 A-1 维吉尼亚密码加密方法示意图

即明文和密钥对应相加,密钥取完后又从头开始.

实验内容

(1) 通过一包含密钥文本框和明文文本框和按钮的界面接收明文,再对明文用维吉尼亚方法加密成密文输出;实现维吉尼亚密码的加密.

(2) 通过一包含密钥文本框和密文文本框和按钮的界面接收明文,再对密文用维吉尼亚方法解密成明文输出;实现维吉尼亚密码的解密.

实验步骤

(1) 设计输入输出界面(见图 A-2);

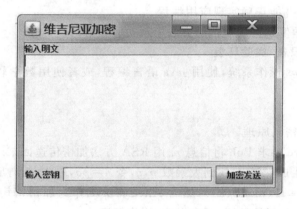

图 A-2 交互界面

(2) 获取明文;(有两种方法:一是文本框输入明文的方法,二是用文件的方法)

(3) 读取明文或实现对文本框的监听;

(4) 算出密钥的长度;

(5) 将获取的字符逐个转为数字,用维吉尼亚方法加密后,再转换为字符,明文加密成密文;

(6) 将密文保存到指定文件夹或在新的文本框输出密文;

(7) 解密过程也就是将上面反过来的过程.

实验注意事项

(1) 用 Java 的同学可以用上面指示的方法;若是复制后面所附的程序来做,建议做维吉尼亚密码系统的解密程序.

(2) 不会 Java 或 MATLAB 的同学,可以使用 Maple,使用文件的方法实现.

A.2 实验 2 RSA 公钥密码的实现

实验目的

（1）帮助学生掌握 RSA 公钥系统的密钥生成、加密和解密过程，能够利用所学过的编程语言，熟悉 RSA 公钥加密算法流程与编程实现加密算法. 掌握编程实现实际问题中的方法，提高解决问题的能力.

（2）要求学生掌握算法的程序实现的方法，能应用密码算法的特点，设计合适的交互界面，并能正确实现应用编程.

（3）要求学生掌握用规范的方法书写实验报告.

实验仪器设备/实验环境

PC Windows 操作系统，使用 Java 语言编程，或者使用数学软件 MATLAB、Maple 编程.

实验原理

RSA 公钥密码原理

任务：Alice 要求 Bob 将信息 m 用 RSA 方法加密传送回来.

（1）密钥生成：Alice 找到大素数 p,q，令 $n=pq$，取 $e>1$ 满足 $(e,\varphi(n))=1$，再找 d 使得 $de\equiv1(\mod\varphi(n))$，然后 Alice 将 n,e 作为加密密钥（公钥）发送给 Bob，这里 p,q,d，都是私钥，要求保密，用作解密；

（2）加密：Bob 将明文 $m<n$ 加密得到密文 $E_m\equiv m^e(\mod n)$，并将密文 E_m 传送给 Alice；

（3）解密：Alice 收到密文 E_m，计算 $E_m^d\equiv(m^e)^d\equiv m^{ed}\equiv m^{\varphi(n)k+1}\equiv m(\mod n)$，恢复明文 m.

实验内容

实验原理已包含实验内容，下面所说的只是实验内容实现的难点和要点.

（1）设计输入密钥生成界面.

（2）Java 需要引用的包

import java. io. UnsupportedEncodingException；

import java. math. BigInteger；

import java. security. NoSuchAlgorithmException；

import java. security. SecureRandom.

（3）判定素数用 BigInteger. probablePrime.

开始时明文可不用字符直接用数字.

实验步骤

(1) 密钥生成程序：利用 Java 的 math. BigInteger 包，随机生成大素数 p,q 等，完成密钥生成，Alice 将公钥和私钥保存到 D：\Alice 文件夹的文件 siyao. txt 中，并将公钥保存到 D：\Bob 文件夹的文件 gongyao. txt 中.

(2) 加密程序：Bob 通过读取文件 gongyao. txt 获得公钥，从明文文本框和按钮的界面接收明文，或从文件中读取明文（这时 D：\Bob\yw. txt 文件中应包含明文），将获取的字符逐个转为数字，再对明文加密成密文（开始时明文可不用字符直接用数字），运算后，再转换为字符保存到 D：\Alice 文件夹的文件 miwen. txt 中.

(3) 解密程序：Alice 通过按钮的界面接收读取文件 miwen. txt 获得密文，将密文通过解密算法变为明文，并在文本框中输出，也可保存到 D：\Alice 文件夹的文件 jiemiwen. txt 中.

实验注意事项

(1) 尽管 Java 带有 RSA 包，但建议使用上面的算法来完成.

(2) Java、MATLAB 或 Maple，都可以使用文件的方法实现.

(3) 如用 MATLAB 编程，建议使用 MATLAB 2016 或更新的版本，并且通过设置路径将 Variable Precision Integers 程序包添加到查找文件的搜索路径，这样才能使用 vpi 类型数据，否则只能用位数较少的整型数实现.

A.3 实验3 ElGamal 公钥密码的实现

实验目的

(1) 帮助学生掌握 ElGamal 公钥系统的密钥生成、加密和解密过程，能够利用所学过的编程语言，熟悉 ElGamal 公钥加密算法流程与编程实现加密算法. 掌握编程实现实际问题中的方法，提高解决问题的能力.

(2) 要求学生掌握算法的程序实现的方法，能应用密码算法的特点，设计合适的交互界面，并能正确实现应用编程.

(3) 要求学生掌握用规范的方法书写实验报告.

实验仪器设备/实验环境

PC Windows 操作系统，使用 Java 语言编程，或使用 MATLAB、Maple 编程.

实验原理

ElGamal 公钥密码原理

任务：Alice 要求 Bob 将信息 m 用 ElGamal 方法加密传送回来.

（1）密钥生成：Alice 找大素数 p，p 的原根 a 和正整数 $X_A < p$，计算 $h_A \equiv a^{X_A} \pmod p$，Alice 将 p, a, h_A 作为公钥传给 Bob，这里 X_A，是私钥，留作解密用；

（2）加密：Bob 收到后将信息分段，使得 $m < p$，随机取 $k \in \{1, 2, \cdots, p-1\}$，计算 $u \equiv a^k \pmod p$，$v \equiv h_A^k m \pmod p$，将密文 (u, v) 传送给 Alice；

（3）解密：Alice 收到 (u, v) 后计算 $vu^{-X_A} \equiv h_A^k m \, (a^k)^{-X_A} \equiv (a^{x_A})^k m \, (a^k)^{-X_A} \equiv m \pmod p$．恢复明文 m，这里 $-X_A$ 实际计算时用 $p-1-X_A$ 代替．

实验内容

实验原理已包含实验内容，下面所说的只是实验内容实现的难点和要点：

（1）设计输入密钥生成界面．

（2）Java 需要引用的包

import java. io. UnsupportedEncodingException；

import java. math. BigInteger；

import java. security. NoSuchAlgorithmException；

import java. security. SecureRandom.

（3）判定素数用 BigInteger. probablePrime.

找任意大素数的原根可能是一件困难的事，可以根据文献[19]推论 6，先找一个大素数 q，令 $m = 2^k q + 1, k = 1, 2, 3$. 当 $m = p$ 是素数，且整数 a 满足 $a^{\frac{m-1}{2}} \equiv -1 \pmod m$，这里 $1 < a < p-1$，则 a 是模 p 的一个原根；否则重新选取 q. 还可取两个大素数 q_1, q_2，令 $m = 2q_1 q_2 + 1$，当 m 是素数时，利用定理 2.13 来求 m 的原根.

实验步骤

（1）密钥生成程序：利用 Java 的 math. BigInteger 包，随机生成大素数 p 和 p 的原根 a 等，完成密钥生成，Alice 将公钥和私钥保存到 D：\Alice 文件夹的文件 Elsiyao. txt 中，并将公钥保存到 D：\Bob 文件夹的文件 Elgongyao. txt 中；

（2）加密程序：Bob 通过读取文件 Elgongyao. txt 获得公钥，从明文文本框和按钮的界面接收明文，或从文件中读取明文（这时 D：\Bob\Elyw. txt 文件中应包含明文），将获取的字符逐个转为数字（开始时明文可不用字符直接用数字），再通过运算加密成密文，再保存到 D：\Alice 文件夹的文件 Elmiwen. txt 中；

（3）解密程序：Alice 通过按钮的界面接收读取文件 Elmiwen. txt 获得密文，将密文通过解密算法变为明文，并在文本框中输出，也可保存到 D：\Alice 文件夹的文件 Eljmwen. txt 中.

实验注意事项

（1）用 Java 或 MATLAB 的同学可以用上面的方法求素数和原根；

（2）Maple 可以直接使用 primroot(p) 求素数 p 的原根，使用文件的方法实现.

A.4 实验4 流密码密钥生成程序设计

实验目的

（1）让学生能够利用所学过的编程语言，实现几种流密码密钥生成程序设计，提高解决实际问题的能力和素养；

（2）要求学生掌握几种流密码密钥生成算法与程序实现的方法，能设计合适的交互界面，并能正确实现应用编程；

（3）对产生的序列做如周期和游程的简单数据分析；

（4）要求学生掌握用规范的方法书写实验报告.

实验仪器设备/实验环境

PC Windows 操作系统，使用 Java 语言编程，或 MATLAB、Maple 编程.

算法和要求：

（1）包括界面、流密码密钥产生的窗口和按钮；

（2）利用线性同余算法 $X_{n+1} = aX_n + b \bmod m$，二次同余算法 $X_{n+1} = aX_n^2 + bX_n + c \bmod m$，线性反馈移位寄存器算法 $a_{n+1} = c_1 a_n + c_2 a_{n-1} + \cdots + c_n a_1$，产生流密码密钥.

实验注意事项

注意观察初始值与密钥流的性能的关系，均衡性、周期、游程的数据规律.

A.5 实验5 序列码生成程序设计

实验目的

（1）让学生能够利用所学过的编程语言，实现一种散列函数的应用于序列码设计的方法，提高解决实际问题的能力和素养.

（2）要求学生掌握算法的程序实现的方法，能应用密码算法的特点，设计合适的交互界面，并能正确实现应用编程.

（3）要求学生掌握用规范的方法书写实验报告.

实验仪器设备/实验环境

PC Windows 操作系统，使用 Java 语言编程，或使用数学软件 MATLAB、Maple 编程.

算法和要求：

1.0 版

（1）界面序列码产生的窗口和按钮.

（2）引入 Java 的 math. Biginteger 包,随机产生 17 位十进制数 m,不足 17 位添 0 至 17 位.

（3）利用最简单的 Hash 算法,这里取 p 为一 8 位数,$r \equiv m \bmod p$,不足 8 位添 0 至 8 位.

（4）将余数放在原数后面变成一 25 位数,然后进行某种置换.

（5）将置换后的数按 5 位一组输出.

2.0 版

（6）进一步要求输出结果包含数字和字母. 可以利用 ASCII 码的值转换.

（7）大致界面见图 A-3.

图 A-3　序列码生成交互界面

实验注意事项

（1）用 Java 或 MATLAB 可以写一个序列码算法函数,再做一个界面,调用算法函数;

（2）使用 Maple 直接用数字,比较简单,但建议使用完整置换.

A.6　实验6　Windows 7 自带防火墙的配置

实验目的

了解防火墙的功能和设置选项,体验一种防火墙的设置过程.

实验仪器设备/实验环境

PC Windows7 操作系统.

实验内容和实验步骤

（1）单击"开始"按钮→控制面板,见图 A-4.

图 A-4 控制面板

（2）Windows 防火墙，见图 A-5．

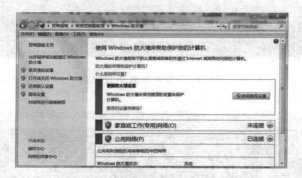

图 A-5 Windows 防火墙第一个界面

（3）单击"打开或关闭防火墙"选项，见图 A-6．

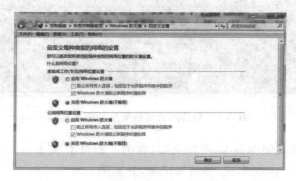

图 A-6 Windows 防火墙设置界面

在"公用网络位置设置"下方单击"○启用 Windows 防火墙"选项.

假设这台计算机的 IP 地址是 192.168.1.4,在另一台计算机上进入命令行模式,通过 ping 命令 ping 本机,会出现 Request timed out. 表示 ping 不通本机,说明防火墙已经起作用了.见图 A-7 或图 A-8.

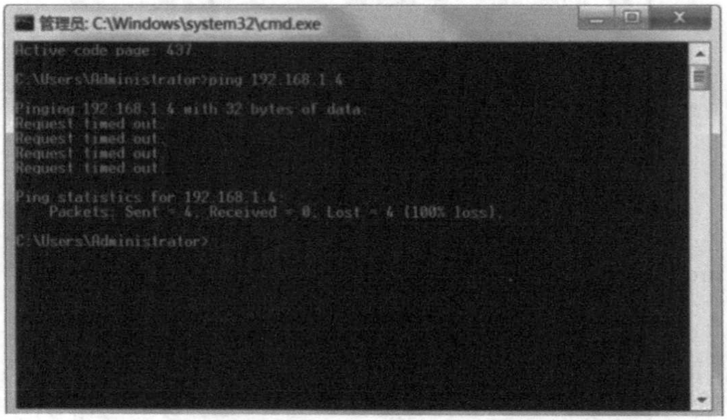

图 A-7 检验防火墙的效果

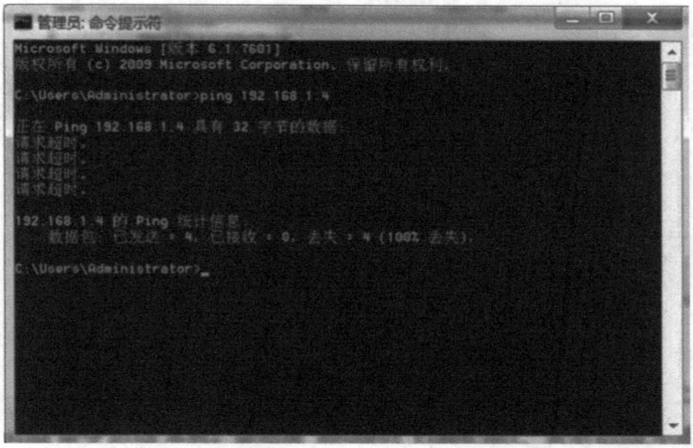

图 A-8 检验防火墙的效果的中文界面

然后再选择关闭 Windows 防火墙,在另一台计算机上进入命令行模式,通过 ping 命令再重 ping 本机,将结果记录,并截图.

注:(1) 有的同学在命令符 ping 时出现的是中文界面,如图 A-8. 可在"管

理员:命令提示符"窗口中输入命令 chcp 437,转换为英文,在"管理员:命令提示符"窗口中输入命令 chcp 936,可恢复中文.

(2) Windows 系统下本机 IP 地址查询方法:可以在 cmd 命令提示符中输入:ipconfig,就可以看到本机 IP 地址,如图 A-9.

图 A-9 查本机 IP 地址

附录 B

实验参考程序

B.1 维吉尼亚密码加密 Java 程序

```java
// Vigenere. java
import javax. swing. * ;
import java. awt. * ;
import java. awt. event. * ;
import java. io. FileWriter;
import java. io. IOException;

//实现接口 ActionListener
public class Vigenere implements ActionListener {

    private JFrame jf;
    private JPanel jpanel;
    private JButton jb1;
    private JLabel jlbl,jlb2;
    private JTextField textbox;
    private JTextArea jta;
    private JScrollPane jscrollPane;

    public Vigenere(){

        jf = new JFrame("维吉尼亚加密");
        Container contentPane =jf. getContentPane();
        contentPane. setLayout(new BorderLayout());

        jta = new JTextArea(6, 15);
        //jta. setTabSize(4);
```

```java
        jta.setFont(new Font("标楷体", Font.BOLD, 16));
        jta.setLineWrap(true);//激活自动换行功能
        jta.setWrapStyleWord(true);//激活断行不断字功能
        //jta.setBackground(Color.pink);

        jscrollPane = new JScrollPane(jta);

        jpanel = new JPanel();
        //jpanel.setLayout(new GridLayout(1, 3));
        jpanel.setLayout(new FlowLayout());
        jlbl = new JLabel("输入明文");
        textbox = new JTextField(20);//流式布局要填数字
        jlb2 = new JLabel("输入密钥");
        jb1 = new JButton("加密发送");
        jb1.addActionListener(this);//监听

        jpanel.add(jlb2);
        jpanel.add(textbox);
        jpanel.add(jb1);

        contentPane.add(jlbl,BorderLayout.NORTH);
        contentPane.add(jscrollPane, BorderLayout.CENTER);
        contentPane.add(jpanel, BorderLayout.SOUTH);

        jf.setSize(400, 280);
        jf.setLocation(400, 200);
        jf.setVisible(true);

        jf.addWindowListener(new WindowAdapter(){
            public void windowClosing(WindowEvent e){
                System.exit(0);
            }
        });
    }
    // 覆盖接口 ActionListener 的方法 actionPerformed
    public void actionPerformed(ActionEvent e){
```

```
        if(e. getSource() == jb1){
            String tmp = vigenere1(textbox. getText() ,jta. getText());
            int a = write(tmp);
            if(a==1)
                jlbl. setText("加密发送成功!");
            else
                jlbl. setText("加密发送失败!");
        }
    }
    //Vigenere 加密程序
    static String vigenere1(String key, String plaintext){
        String ciphertext = "";
        for(int i=0;i<plaintext. length();i++){
            //获取密钥字的 ASCII 码
            int k =((int)key. charAt(i%key. length()))- 97;
            int p =((int)plaintext. charAt(i))- 97;
            char tmp =(char)(((k+p)%26)+ 97);
            ciphertext += tmp;
        }
        return ciphertext;
    }
//写入文件
    public static int write(String tmp){
        try {
            FileWriter fw = newFileWriter("D: /mw. txt");
            fw. write(tmp);
            fw. close();
            return 1;
        } catch(IOException e){
            e. printStackTrace();
        }
        return 0;
    }

    public static void main(String[] args){
        new Vigenere();
    }
}
```

B.2　维吉尼亚密码加密 MATLAB 程序

```matlab
%维吉尼亚密码加密程序 Vigenere. m
function varargout = Vigenere(varargin)
if nargin == 0
    FigureHandle = figure('visible','off');
    GenerateFigureContent(FigureHandle);
    movegui(FigureHandle ,'center');
    set(FigureHandle,'visible','on');
    if nargout > 0
        varargout{1} = FigureHandle;
    end
elseif ischar(varargin{1})
    try
        [varargout{1:nargout}] = feval(varargin{:});
    catch
        disp(lasterr);
    end
end
function GenerateFigureContent(FigureHandle)%产生界面、定义控件及其位置
TabSpace =10;%define the code for number from 1 to 10.
TextNumber =6;PushbuttonNumber = 2;
FigureXPos =200;%init the parameter of the position of figure.
FigureYPos =100;
FigureWidth = 600;
FigureHeight =400;
FigurePosition = [FigureXPos,FigureYPos,FigureWidth,FigureHeight];
FigureColor = [0.6 0.9 0.9];%init the value of the color Property of figure
PushbuttonWidth =120;
PushbuttonHeight = 34;
PushbuttonXPos = 3 * TabSpace +135;
PushbuttonYPos = FigureHeight-380;
PushbuttonPosition= ...
    [PushbuttonXPos PushbuttonYPos PushbuttonWidth PushbuttonHeight];
PushbuttonString = {'加密','退出'};
```

```
PushbuttonCallback = ...
    {'feval("Vigenere","VigenereRun",gcf)', 'feval("Vigenere","CloseFun",gcf)'};
TextHeight = 30;%init the parameter of the position of text.
TextXPos = 3 * TabSpace;
TextYPos = FigureHeight-5 - 2 * TabSpace -TextHeight;
TextWidth = FigureWidth - TextXPos -3 * TabSpace;
TextPosition = [TextXPos TextYPos TextWidth TextHeight];
TextString = {'输入密钥：','','输入明文：','','输出密文：',''};
TextStyle = {'text','edit','text','edit','text','edit'};
TextTabSpace = (TextYPos - 30 - TextHeight * (TextNumber -1)- 4 * TabSpace)/
(TextNumber -1);
set(FigureHandle,'toolbar','none',...
    'numbertitle','off',...
    'position',FigurePosition,...
    'MenuBar','none',...
    'Resize','off',...
    'windowstyle', 'modal',...
    'color',FigureColor,...
    'name','Vigenere 加密程序',...
    'visible','off');
PushbuttonHandle = zeros(1,PushbuttonNumber);
for num = 1: PushbuttonNumber
    TempPushbuttonPosition = PushbuttonPosition;
    TempPushbuttonPosition(1)= TempPushbuttonPosition(1)...
        +(num-1) * (PushbuttonWidth + TabSpace);
    PushbuttonHandle(num)= uicontrol(...
        'parent',FigureHandle,...
        'string',PushbuttonString{num}...
        'style','pushbutton','fontsize',12,...
        'backgroundcolor','[.8 .8 .9]','fontname','宋体',...
        'callback',PushbuttonCallback{num},...
        'position',TempPushbuttonPosition);
end
TextHandle = zeros(1,TextNumber);    %creat the varage TextHandle
EditColor = [.9 .9 .9];
TextColor = ...
```

```
    [FigureColor;EditColor;FigureColor;EditColor;FigureColor;EditColor ];
for num = 1: TextNumber
    TempTextPosition =TextPosition;
    TempTextPosition(4)= TempTextPosition(4)+10 + 30 * mod(num-1,2);
    TempTextPosition(2)= ...
    TempTextPosition(2)-(num-1) * (TextTabSpace +TextHeight);
  TextHandle(num)=uicontrol('parent',FigureHandle,...
        'string',TextString{num},...
        'HorizontalAlignment','left','fontsize',12,...
        'style',TextStyle{num},'fontname','宋体',...
        'backgroundcolor',TextColor(num,:)...
        'position',TempTextPosition);
end
set(TextHandle(TextNumber),'enable','off','tag','TextHandle');
RunPushbuttonXPos = FigureWidth-30 + 1 * TabSpace - PushbuttonWidth;
RunPushbuttonYPos =TempTextPosition(2)+ TabSpace-8;
RunPushbuttonWidth = PushbuttonWidth - 3 * TabSpace+30;
RunPushbuttonHeight =30;
RunPushbuttonPosition = [RunPushbuttonXPos RunPushbuttonYPos ...
    RunPushbuttonWidthRunPushbuttonHeight ];
setappdata(FigureHandle,'PushbuttonHandle',PushbuttonHandle);
setappdata(FigureHandle,'TextHandle',TextHandle);
EnableTap =2;
EnablePushbuttonPosition =get(PushbuttonHandle(1),'position');
EnablePushbuttonPosition(4)= EnablePushbuttonPosition(4)+ EnableTap;
AvildColor =get(PushbuttonHandle(1),'backgroundcolor');
for num = 1: TextNumber
    set(TextHandle(num),'string',TextString(num));
end
function CloseFun(FigureHandle)
close;%退出
function ConfCode =PlainCode2ConfCodeFun(Key,PlainCode)%Vigenere 加密算法
KeyLen =length(Key);
PlainCodeLen =length(PlainCode);
KeyMat = [repmat(Key,1,floor(PlainCodeLen/KeyLen)), Key(1: mod(PlainCodeLen,
KeyLen))];
```

```matlab
ConfCode = char(mod((PlainCode + KeyMat - 2 * 'a'),26) + 'a');  % PlainCode 为明文,
% ConfCode 为密文,没有处理空格和大小写.
function VigenereRun(FigureHandle)  % this is a function for calculate that...
PushbuttonHandle = getappdata(FigureHandle,'PushbuttonHandle');
TextHandle = getappdata(FigureHandle,'TextHandle');
String1 = get(TextHandle(2),'string');
String2 = get(TextHandle(4),'string');
String1 = char(String1);
String2 = char(String2);
String1Indx = find(String1 == 32);
String2Indx = find(String2 == 32);
String1(String1Indx) = [];
String2(String2Indx) = [];
if isempty(String1)
        feval('Vigenere','ErrorFun','请输入密钥！ ','异常提示')
elseif isempty(String2)
        feval('Vigenere','ErrorFun','请输入明文！ ')
else
        String3 = feval('Vigenere','PlainCode2ConfCodeFun',String1,String2);
set(TextHandle(6),'string',String3,'enable','on',...
        'foregroundcolor',[0.8 0.2 0.2]);
end
function varargout = ErrorFun(varargin)  % 异常处理函数  提示窗口
if nargin < 2
    title = '异常提示';
    if nargin < 1
        message = '操作异常';
    else
        message = varargin{1};
    end
else
    message = varargin{1};
    title = varargin{2};
end
FigureColor = [ 0.6333    0.8333    0.8333 ];
TabSpace = 10;
```

```
ErrorFigureWidth =320；
ErrorFigureHeight =100；
ErrorFigureHandle = figure('Units' , 'pixels',...
    'Position', [0 0 ErrorFigureWidth ErrorFigureHeight], ...
    'Name', title, 'Tag', 'ErrorFigure', ...
    'Resize', 'off', 'windowstyle','modal',...
    'numbertitle','off','MenuBar','none',...
    'color',FigureColor,'Visible', 'off');
MessageXPos = 2 * TabSpace；
MessageYPos = 2 * TabSpace；
MessageWidth =200；
MessageHeight=   ErrorFigureHeight — 2 * MessageYPos；
MessagePosition = [MessageXPos MessageYPos MessageWidth MessageHeight]；
MessageTextHandle =uicontrol(...
    'parent' ,ErrorFigureHandle,...
    'style','text','string',message,...
    'HorizontalAlignment','left',...
    'fontsize',11,...
    'fontname','宋体',...
    'backgroundcolor',FigureColor,...
    'position',MessagePosition)；
PushbuttonXPos = MessageXPos + MessageWidth +TabSpace；
PushbuttonYPos = MessageYPos +2；
PushbuttonWidth = ErrorFigureWidth — TabSpace —PushbuttonXPos；
PushbuttonHeight = MessageHeight — 4—20；
PushbuttonPosition= ...
    [PushbuttonXPos,PushbuttonYPos,PushbuttonWidth,PushbuttonHeight]；
PushbuttonHandle =uicontrol('parent',ErrorFigureHandle,'style','pushbutton', ...
    'string','关闭提示','HorizontalAlignment','center','fontsize',11,'fontname'...
    '宋体','position',PushbuttonPosition, 'callback','close')；
movegui(ErrorFigureHandle,'center')；
set(ErrorFigureHandle ,'visible','on')；
```

B.3 RSA 公钥密钥生成 Java 程序

```
//Rsamiyao. java
import javax. swing. * ;
```

```java
import java. awt. * ;
import java. awt. event. * ;
import java. math. BigInteger;
import java. security. SecureRandom;
//实现接口 ActionListener  新版 extends JFrame 可省略
public class Rsamiyao extends JFrame implements ActionListener {
    private JFrame jf;             //定义变量
    private JPanel jpanel;
    private JButton jb1;
    private JLabel jlbl,jlbl2;
    private JTextArea jta = null;
    private Container contentPane;
        private Rsamiyao(){    //构造方法
        jf = new JFrame("RSA");
        contentPane = jf. getContentPane();
        contentPane. setLayout(new BorderLayout());

        jta = new JTextArea("目前暂无密钥,请点击按钮生成密钥!");
        jta. setLineWrap(true);//自动换行
        jta. setEditable(false);//模仿 JLabel 禁止编辑文字
        jta. setBackground(new Color(238,238,238));
        jpanel = new JPanel();
        jb1 = new JButton("生成密钥");
        jb1. addActionListener(this);//监听
        jpanel. add(jb1,BorderLayout. CENTER);

        contentPane. add(jta,BorderLayout. NORTH);
        contentPane. add(jpanel，BorderLayout. SOUTH);

        jf. setSize(400，280);        //文本框原始大小
        jf. setLocation(400，200);
        jf. setVisible(true);

        jb1. setBounds(300,200,10,20);
        setVisible(true);
```

```
        jf. addWindowListener(new WindowAdapter(){
            public void windowClosing(WindowEvent e){
                System. exit(0);
            }
        });
    }
    //覆盖接口 ActionListener 的方法 actionPerformed
    public void actionPerformed(ActionEvent e)
        {
    contentPane. remove(jpanel);
    String key[] = Rsa. Rsakey(300);
    Write. Write(key[0]+"\n", "D:\\Bob\\gongyao. txt");
    Write. Write(key[1]+"\n", "D:\\Bob\\gongyao. txt");
    Write. Write(key[0]+"\n", "D:\\Alice\\siyao. txt");
    Write. Write(key[1]+"\n", "D:\\Alice\\siyao. txt");
    Write. Write(key[2]+"\n", "D:\\Alice\\siyao. txt");
    Write. Write(key[3]+"\n", "D:\\Alice\\siyao. txt");
    Write. Write(key[4]+"\n", "D:\\Alice\\siyao. txt");
    Write. Write(key[5]+"\n", "D:\\Alice\\siyao. txt");
    jf. setSize(1000, 600);
    jta. setText("公钥 e,n 已存入 D:\\Bob\\gongyao. txt \r\n\r\n");
    jta. append("e: "+key[0]+"\r\n\r\n n: "+key[1]+"\r\n\r\n");
    jta. append("公钥 e,n 私钥 d,p,q,fn 已存入 D:\\Alice\\siyao. txt \r\n\r\n");
    jta. append("e: "+key[0]+" \r\n\r\n n: "+key[1]+" \r\n\r\n"
            + "d: "+key[2]+" \r\n\r\n p: "+key[3]+" \r\n\r\n"
            + "q: "+key[4]+" \r\n\r\n fn: "+key[5]);
        }
static class Rsa {
    static String[] Rsakey(int length){
        Stringkey[] = new String[6];
        //通过需要的密钥长度求得 p、q 的长度
        int tmp = length / 2;
        int length_p = 0, length_q = 0;
        if(tmp % 2 == 0){
            length_p = tmp - 1;
```

```
                        length_q = tmp + 1;
                    } else {
                        length_p = tmp;
                        length_q = tmp + 2;
                    }
                    length_p /= 0.3;
                    length_q /= 0.3;
                    //获取一个随机数
                    SecureRandom random = newSecureRandom();
                    //通过随机函数和长度获取一个随机数
                    //求 e * d==1 mod fn
                    BigInteger p =BigInteger. probablePrime(length_p, random);
                    BigInteger q = BigInteger. probablePrime(length_q, random);
                    BigInteger n =p. multiply(q);
                    BigInteger fn =(p. subtract(BigInteger. ONE)).
                            multiply(q. subtract(BigInteger. ONE));
                    BigInteger e = newBigInteger(fn. bitLength()- 3, 1, random);
                    BigInteger d = e. modInverse(fn);//通过逆求余的方式求出 d
                    e. toString();
                    key[0] = e. toString();
                    key[1] = n. toString();
                    key[2] = d. toString();
                    key[3] = p. toString();
                    key[4] = q. toString();
                    key[5] = fn. toString();
                    return key;
                }
            }
        public static void main(String[] args){
            new Rsamiyao();
        }
    }
}

//Write. java
import java. io. File;
import java. io. FileWriter;
```

import java. io. IOException;

```java
public class Write {
    public static int Write(String tmp, String address){
        try {
            File file = newFile(address);
            if(! file. getParentFile(). exists())
                file. getParentFile(). mkdirs();
            FileWriter fw = newFileWriter(address,true);
            fw. write(tmp);
            fw. close();
            return 1;
        } catch(IOException e){
            e. printStackTrace();
        }
        return 0;
    }
}
```

B.4 RSA 公钥加密 Java 程序

```java
//Jiami. java
    import java. awt. * ;
    import java. awt. event. * ;
    import java. math. BigInteger;
    import javax. swing. * ;

    //实现接口 ActionListener
    public class Jiami implements ActionListener {

        JFrame jf;
        JPanel jpanel;
        JButton jb1;
        JLabel messageLabel, messageLabel2;
        JTextField textbox;
        JTextArea jta = null;
```

```java
JScrollPane jscrollPane;

public Jiami(){

    jf = new JFrame("RSA 加密");
    Container contentPane =jf.getContentPane();
    contentPane.setLayout(new BorderLayout());

    jta = new JTextArea(10，15);
    jta.setTabSize(4);
    jta.setLineWrap(true);//激活自动换行功能
    jta.setWrapStyleWord(true);//激活断行不断字功能

    jscrollPane = new JScrollPane(jta);
    jpanel = new JPanel();
    jpanel.setLayout(new FlowLayout());

    messageLabel = new JLabel("请输入明文数字");

    jb1 = new JButton("加密");
    jb1.addActionListener(this);

    jpanel.add(jb1);

    contentPane.add(messageLabel，BorderLayout.NORTH);
    contentPane.add(jscrollPane，BorderLayout.CENTER);
    contentPane.add(jpanel，BorderLayout.SOUTH);

    jf.setSize(400，300);
    jf.setLocation(400，200);
    jf.setVisible(true);

    jf.addWindowListener(new WindowAdapter(){
        public void windowClosing(WindowEvent e){
            System.exit(0);
        }
```

```
            });
        }


//覆盖接口 ActionListener 的方法 actionPerformed
    public void actionPerformed(ActionEvent e){
        if(e. getSource()==jb1){
            String[] a = Read. Readline("D:\\Bob\\gongyao. txt");
            BigInteger pe = new BigInteger(a[0]);
            BigInteger pn = new BigInteger(a[1]);
            BigInteger pm = new BigInteger(jta. getText());
            BigInteger tmp = rsajiami(pm, pe, pn);
            int as = Write. Write(tmp. toString()+"\n", "D:\\Alice\\miwen. txt");
            if(as == 1){
                jta. append("\r\n");
                jta. append("加密成功!!!");
                jta. append("\r\n");
                jta. append("密文: ");
                jta. append(tmp+"");
            }else
                jta. setText("加密失败!!!");
        }
    }
    static BigInteger rsajiami(BigInteger tmp, BigInteger e, BigInteger n){
        BigInteger c =tmp. modPow(e, n);
        return c;
    }


    public static void main(String[] args){
        new Jiami();
    }
}


//Read. java
import java. io. * ;
public class Read {
    public static String[] Readline(String file){
```

```
        try {
        FileReader fr = newFileReader(file);
        BufferedReader br = newBufferedReader(fr);
        Stringtmp[] = new String[100];
        Stringstr;
        int i=0;
        while((str = br. readLine())! = null){
            tmp[i] = str;
            i++;
        }
        br. close();
        fr. close();
        return tmp;
    }catch(IOException e){
        e. printStackTrace();
    }
    return null;
    }
}
```

B.5 RSA 公钥解密 Java 程序

```
//Jiemi. java
    import java. awt. * ;
    import java. awt. event. * ;
    import java. math. BigInteger;
    import javax. swing. * ;

    //实现接口 ActionListener
    public class Jiemi implements ActionListener {

        JFrame jf;
        JPanel jpanel;
        JButton jb1,jb2;
        JLabel messageLabel,messageLabel2;
        JTextField textbox;
```

```
JTextArea jta = null；
JScrollPane jscrollPane；

public Jiemi(){

    jf = new JFrame("RSA 解密")；
    Container contentPane =jf. getContentPane()；
    contentPane. setLayout(new BorderLayout())；

    jta = new JTextArea(10，15)；
    jta. setTabSize(4)；
    jta. setLineWrap(true)；//激活自动换行功能
    jta. setWrapStyleWord(true)；//激活断行不断字功能

    jscrollPane = new JScrollPane(jta)；
    jpanel = new JPanel()；
    jpanel. setLayout(new FlowLayout())；
    jb1 = new JButton("读取密文")；
    jb1. addActionListener(this)；
    jb2 = new JButton("解密")；
    jb2. addActionListener(this)；

    jpanel. add(jb1)；
    jpanel. add(jb2)；
    messageLabel = new JLabel("请选择操作")；

    contentPane. add(messageLabel，BorderLayout. NORTH)；
    contentPane. add(jscrollPane，BorderLayout. CENTER)；
    contentPane. add(jpanel，BorderLayout. SOUTH)；

    jf. setSize(400，300)；
    jf. setLocation(400，200)；
    jf. setVisible(true)；

    jf. addWindowListener(new WindowAdapter(){
        public void windowClosing(WindowEvent e){
```

```
                        System. exit(0);
            }
        });
    }


    //覆盖接口 ActionListener 的方法 actionPerformed
    public void actionPerformed(ActionEvent e){
        if(e. getSource() == jb1){
            Stringtmp[] = Read. Readline("D:\\Alice\\miwen. txt");
            //jta. append("这是密文");
            jta. append(tmp[0]);
        }else if(e. getSource() == jb2){
            String[] a = Read. Readline("D:\\Alice\\siyao. txt");
            BigInteger pd = new BigInteger(a[2]);
            BigInteger pn = new BigInteger(a[1]);
            BigInteger pm = newBigInteger(jta. getText());
            BigInteger tmp =rsajiemi(pm, pd, pn);
            Write. Write(tmp. toString()+"\n", "D:\\Alice\\jiemiwen. txt");
            jta. append("\r\n");
            jta. append("这是明文");
            jta. append("\r\n");
            jta. append(tmp. toString());
        }
    }


    static BigInteger rsajiemi(BigInteger tmp, BigInteger d, BigInteger n){
        BigInteger c =tmp. modPow(d, n);
        return c;
    }


    public static void main(String[] args){
        new Jiemi();
    }
}
```

B.6 RSA 公钥密钥生成 MATLAB 程序

```
%RsaMiyao. m 运行该程序 MATLAB 中必须包含 VariablePrecisionIntegers 程序包,并且通
%过设置路径将该文件夹添加到查找文件的搜索路径
tic;
num1=vpi(10)^51;
num2=vpi(10)^53;
b=randint(num2);%产生小于 num2 的随机数
if b<num1
    b=num1+b;
end
if boolean(mod(b,2)==0)
    b=b+1;
end
while boolean(isprime(b)==false)
    b=b+2;
end
    p=b
num1=vpi(10)^51;
num2=vpi(10)^49;
num3=vpi(10)^25;
c=randint(num2);
if c<num1
    c=num1+c;
end
if boolean(mod(c,2)==0)
c=c+1;
end
while isprime(c)==false
c=c+2;
end
q=c
n=p*q
t=(p-1)*(q-1)
i=randint(num3);
```

```
while boolean(gcd(t,i)>1)
i=i+1;
end
a=i
d=minv(a,t)
n=vpi2mat(n)%%调用自定义函数 vpi2mat
a=vpi2mat(a)
if ~isdir('D：\Alice')
    mkdir('D：\Alice')
end
if ~isdir('D：\Bob')
    mkdir('D：\Bob')
end
fid=fopen('D：\Alice\gya. txt','wt')；
fprintf(fid,'%s\n',n,a)；
fclose(fid)；
p=vpi2mat(p)
q=vpi2mat(q)
t=vpi2mat(t)
d=vpi2mat(d)
fid=fopen('D：\Alice\sya. txt','wt')；
fprintf(fid,'%s\n',d,t,p,q)；
fclose(fid)；
copyfile('D：\Alice\gya. txt','D：\Bob\gya. txt')
toc；


% vpi2mat. m 和上面程序放同一文件夹
function targetstring=vpi2mat(n)
n=num2str(n)；
stringmat=reshape(n',1,[])；
targetstring=strtrim(stringmat)；
end
```

B.7   RSA 公钥加密 MATLAB 程序

```
% jiami. m 该文件夹中应包含 vpi2mat. m 和 mat2vpi. m
%假定文件夹 D：\Bob 中包含有明文文件 mw. txt
```

```
fid＝fopen('D：\Bob\gya. txt','rt')；
n＝mat2vpi(fgets(fid))
a＝mat2vpi(fgets(fid))
fclose(fid)；
fid＝fopen('D：\Bob\yw. txt','rt')；
m＝mat2vpi(fgets(fid))
fclose(fid)；
s＝vpi2mat(powermod(m,a,n))
fid＝fopen('D：\Alice\mw. txt','wt')；
fprintf(fid,'%s\n',s)；
fclose(fid)；


% mat2vpi. m 格式转换函数,和上面文件放同一文件夹
function targetstring＝vpi2mat(n)
n＝num2str(n)；
stringmat＝reshape(n',1,[])；
targetstring＝strtrim(stringmat)；
end
```

B.8　RSA 公钥解密 MATLAB 程序

```
%jiemi. m 该文件夹中应包含 vpi2mat. m 和 mat2vpi. m
fid＝fopen('D：\Alice\gya. txt','rt')；
n＝mat2vpi(fgets(fid))
fclose(fid)；
fid＝fopen('D：\Alice\sya. txt','rt')；
d＝mat2vpi(fgets(fid))
fclose(fid)；
fid＝fopen('D：\Alice\mw. txt','rt')；
s＝mat2vpi(fgets(fid))
fclose(fid)；
w＝vpi2mat(powermod(s,d,n))
fid＝fopen('D：\Alice\jiemiwen. txt','wt')；
fprintf(fid,'%s\n',w)；
fclose(fid)；
```

B.9 RSA 公钥密钥生成 Maple 程序

```
>with(numtheory):
u:=10^51:
v:=10^61:
v1:=10^58:
myproc:=rand(u..v):
b:=myproc():
p:=nextprime(b):
myproc:=rand(u..v1):
c:=myproc():
q:=nextprime(c):
if p<>q then
n:=p*q;
t:=(p-1)*(q-1);
aproc:=rand(3..10^25):
i:=aproc():
while gcd(t,i)>1 do
i:=i+1:
od:
e:=i;
d:=1/e mod t;
save n,e,"D:\\RSA\\alice\\gya.txt";
save n,e,"D:\\RSA\\bob\\gya.txt";
save d,t,p,q,"D:\\RSA\\alice\\sya.txt";
else
print("Run This Program Again,Please");
fi:
```

B.10 RSA 公钥加密 Maple 程序

```
with(numtheory):
read"D:\\bob\\yw.txt";
```

```
read"D: \\bob\\gya. txt";
s: =m&^e mod n;
save s,"d: \\alice\\mw. txt";
```
这里假定明文在 yw. txt 文件中

B.11　RSA 公钥解密 Maple 程序

```
with(numtheory):
read"D: \\alice\\mw. txt";
read"D: \\alice\\gya. txt";
read"D: \\alice\\sya. txt";
w: =power(s,d)mod n;
save w,"d: \\alice\\jiemiwen. txt";
```

B.12　ElGamal 公钥密钥生成 Maple 程序

```
with(numtheory):
u: =10^51:
v: =10^61:
myproc: =rand(u. . v):
b: =myproc():
p: =nextprime(b):
a: =primroot(p):
aproc: =rand(2. . p−2):
XA: =aproc():
hA: =power(a,XA)mod p:
save p,a,hA,"D: \\alice\\gya. txt";
save p,a,hA,"D: \\bob\\gya. txt";
save XA,"D: \\alice\\sya. txt";
```

B.13　ElGamal 公钥加密 Maple 程序

```
with(numtheory):
read"D: \\bob\\yw. txt";
read"D: \\bob\\gya. txt";
```

```
aproc：=rand(2..p-2)；
k：=aproc()；
u：=a&^k mod p；
v1：=hA&^k mod p；
v：=v1*m mod p；
save u,v,"d：\\alice\\mw.txt"；
```

B.14 ElGamal 公钥解密 Maple 程序

```
with(numtheory)；
read"D：\\alice\\mw.txt"；
read"D：\\alice\\gya.txt"；
read"D：\\alice\\sya.txt"；
w1：=u &^(p-XA-1)mod p；
w：=v*w1 mod p；
save w,"d：\\alice\\jiemiwen.txt"；
```

B.15 ElGamal 公钥密钥生成 MATLAB 程序

```
%ElMiyao.m
tic；
num1=vpi(10)^30；
num2=vpi(10)^32；
b=randint(num2)；%产生小于 num2 的随机数
if b<num1
    b=num1+b；
end
if mod(b,2)==0
    b=b+1；
end
while ~isprime(b)
    b=b+2；
end
 q=b；
 m=2*q+1；
```

```
while ～isprime(m)
  m=(m-1)*2+1;
end
p=m;
flag=0;
while flag==0
  num3=vpi(10)^9;
  a=randint(num3);%原根 primroot(p)
  r=powermod(a,(p-1)/2,p);
  if r==p-1
  flag=1;
  break
  end
end
num4=p-3;
XA=randint(num4)
hA=powermod(a,XA,p)
p=vpi2mat(p)%%调用自定义函数 vpi2mat
a=vpi2mat(a)
XA=vpi2mat(XA);
hA=vpi2mat(hA);
if ～isdir('D：\Alice')
  mkdir('D：\Alice')
end
if ～isdir('D：\Bob')
  mkdir('D：\Bob')
end
fid=fopen('D：\Alice\Elgya. txt','wt');
fprintf(fid,'%s\n',p,a,hA);
fclose(fid);
fid=fopen('D：\Alice\Elsya. txt','wt');
fprintf(fid,'%s\n',XA);
fclose(fid);
copyfile('D：\Alice\Elgya. txt','D：\Bob\Elgya. txt')
toc;
```

B. 16 ElGamal 公钥加密 MATLAB 程序

```
%Eljiami. m
fid=fopen('D: \Bob\Elgya. txt','rt');
p=mat2vpi(fgets(fid))
a=mat2vpi(fgets(fid))
hA=mat2vpi(fgets(fid))
fclose(fid);
fid=fopen('D: \Bob\Elyw. txt','rt');
m=mat2vpi(fgets(fid))
fclose(fid);
k=randint(p-2)
u=vpi2mat(powermod(a,k,p))
v=vpi2mat(mod(powermod(hA,k,p) * m,p))
fid=fopen('D: \Alice\Elmw. txt','wt');
fprintf(fid,'%s\n',u,v);
fclose(fid);
```

B. 17 ElGamal 公钥解密 MATLAB 程序

```
%Eljiemi. m
fid=fopen('D: \Alice\Elgya. txt','rt');
p=mat2vpi(fgets(fid))
a=mat2vpi(fgets(fid))
hA=mat2vpi(fgets(fid))
fclose(fid);
fid=fopen('D: \Alice\Elsya. txt','rt');
XA=mat2vpi(fgets(fid))
fclose(fid);
fid=fopen('D: \Alice\Elmw. txt','rt');
u=mat2vpi(fgets(fid))
v=mat2vpi(fgets(fid))
fclose(fid);
w=vpi2mat(mod(powermod(u,p-XA-1,p) * v,p))
```

```
fid=fopen('D：\Alice\Eljmwen. txt','wt');
fprintf(fid,'%s\n',w);
fclose(fid);
```

B.18　序列码生成 Java 程序

```
//界面和主程序 Xlm15. java
import java. awt. GridLayout；
import java. awt. event. ActionEvent；
import java. awt. event. ActionListener；
import java. math. BigInteger；
import java. util. Vector；
import javax. swing. JButton；
import javax. swing. JFrame；
import javax. swing. JLabel；
import javax. swing. JPanel；
import javax. swing. JTextField；
public class Xlm15 extends JFrame implements ActionListener{
    public static void main(String[] args){
        // TODO Auto-generated method stub
        JFrame frame=new Xlm15();
        frame. setVisible(true);
    }
    JButton bnLogin;
    JPanel jp;
    JLabel jl;
    JTextField jtf1,jtf2,jtf3,jtf4,jtf5;
    public Xlm15(){
        //布局声明
        setLayout(new GridLayout(2,1,4,4));
        jp=new JPanel();
        jl=new JLabel("序列码");
        jtf1=new JTextField(4);
        jtf2=new JTextField(4);
        jtf3=new JTextField(4);
        jtf4=new JTextField(4);
```

```
        jtf5 = newJTextField(4);
        jp. add(jl);
        jp. add(jtf1);
        jp. add(jtf2);
        jp. add(jtf3);
        jp. add(jtf4);
        jp. add(jtf5);

        bnLogin = new JButton("生成序列码");
        bnLogin. addActionListener(this);
        this. add(jp);
        this. add(bnLogin);
        setLocationRelativeTo(null);
        this. setDefaultCloseOperation(JFrame. EXIT_ON_CLOSE);
        this. pack();
    }
    @Override
    public void actionPerformed(ActionEvent e){
        // TODO Auto-generated method stub
        if(e. getSource(). equals(bnLogin))
        {
            //得到随机生成的序列码
            String val = rules. getStringRandom();
            //System. out. println(val);
        //得到序列码中字母字符换成其 ASCII 码值后的数字串(string 类型)
            Vector vector = new Vector();
            vector = rules. checkandchange(val);
        String ss = (String)vector. get(0);
        //求余
            BigInteger n = new BigInteger(ss);
            String yushu = n. remainder(new BigInteger("99973"))+"";
            //再得到转化为全大写的序列码
            String sss = (String)vector. get(1);
            //为方便对 string 的指定位置字符进行替换,将 sss,yushu 转为 StringBuilder
            //再按照约定的规则进行序列码的某些字符的交换
             String result = rules. SwapLocation(new StringBuilder(sss), new StringBuilder
```

```
        (yushu));
        //将结果在五个框内输出；
        jtf1.setText(result.substring(0,5));
        jtf2.setText(result.substring(5,10));
        jtf3.setText(result.substring(10,15));
        jtf4.setText(result.substring(15,20));
        jtf5.setText(result.substring(20));

    }
  }
}
//控制判断程序 rules.java
import java.util.Random;
import java.util.Vector;
import javax.swing.JTextField;
@SuppressWarnings("unchecked")
public class rules
{
    //生成随机数字和字母，
    public static String getStringRandom()
    {
        String val="";
        Random random=new Random();
        int length=20;
        //参数 length,表示生成几位随机数
        for(int i=0;i<length;i++)
        {
            String charOrNum=random.nextInt(2)% 2==0 ? "char": "num";
            //输出字母还是数字
            if("char".equalsIgnoreCase(charOrNum))
            {
            //输出是大写字母还是小写字母
                int temp=random.nextInt(2)% 2==0 ? 65: 97;
                val+=(char)(random.nextInt(26)+temp);
            }
            else if("num".equalsIgnoreCase(charOrNum))
            {
```

```
            val+=String. valueOf(random. nextInt(10));
        }
    }
    return val;
}

public static Vector checkandchange(String val)
{
    //得到序列码中的字母字符换成其 ASC 值后的数字串(string 类型),用 ss 表示
    //将序列码小写字母转成大写字母后得到新的字符串,用 sss 表示
    //定义一个 vector 数组存储以上两个值,并 return
    String ss="";
    String sss="";
    String zifu="";
    Vector vector=null;
    for(int i=0;i<val. length();i++)
    {
        //第一步,得到 ss
        int ascll=val. charAt(i);
        if((ascll>64 && ascll<91)||(ascll>96&&ascll<123))
        {
            //若为大或小写字母
            zifu=ascll+"";
        }else{
            zifu=val. substring(i,i+1);
        }
        ss+=zifu;
        //第二步,得到 sss
        if(ascll>96&&ascll<123)
        {
            //若为小写字母
            zifu=val. substring(i,i+1). toUpperCase();
        }else{
            zifu=val. substring(i,i+1);
        }
        sss+=zifu;
```

```
        }
        //最后定义 vector,将三个结果放进去
        vector=new Vector();
        vector.add(ss);
        vector.add(sss);
        return vector;
    }
    //转换规则,余数的第一位跟第一个框的第一位交换,第二位跟第二个框的第二位换
    //三四同理,余数的第五位不动,且当余数的相应位上为空则用 0 代替
    public static String SwapLocation(StringBuilder sss,StringBuilder yushu)
    {
        for(int i=0;i<4;i++)
        {
            //获取 sss 中第 1,7,13,19 位字符
            String temp=sss.substring(6*i,6*i+1);
            if(yushu.length()>i)
            {
                //获取余数中相应的字符,用 sss 中的第 6i+1 个字符替换第 i 组(框)的第
                //  i+1 个字符
                String TEMP=yushu.substring(i,i+1);
                sss.replace(6*i,6*i+1,TEMP);
            }else{
                sss.replace(6*i,6*i+1,"0");
            }
            yushu.replace(i,i+1,temp);
        }
        String result=sss.toString()+yushu.toString();
        return result;
    }
}
```

B.19 序列码生成 MATLAB 程序

```
% Xlm.m 序列码生成界面主程序,
function varargout=Xlm(varargin)
if nargin==0
    FigureHandle=figure('visible','off');
    GenerateFigureContent(FigureHandle);
```

```
    movegui(FigureHandle,'center');
    set(FigureHandle,'visible','on');
    if nargout>0
        varargout{1}=FigureHandle;
    end
elseif ischar(varargin{1})
    try
        [varargout{1: nargout}]=feval(varargin{: });
    catch
        disp(lasterr);
    end
end
function GenerateFigureContent(FigureHandle)
TabSpace=10;
TextNumber=6;PushbuttonNumber=2;
FigureXPos=200;
FigureYPos=100;
FigureWidth=480;
FigureHeight=350;
FigurePosition=[FigureXPos,FigureYPos,FigureWidth,FigureHeight];
FigureColor=[0.6 0.9 0.9];
PushbuttonWidth=120;
PushbuttonHeight=34;
PushbuttonXPos=3 * TabSpace+95;
PushbuttonYPos=FigureHeight-320;
PushbuttonPosition=...
    [PushbuttonXPos PushbuttonYPos PushbuttonWidth PushbuttonHeight];
PushbuttonString={'序列码生成','退出'};
PushbuttonCallback=...
    {'feval("Xlm","XlmRun",gcf)','feval("Xlm","CloseFun",gcf)'};
TextHeight=8;
TextXPos=3 * TabSpace;
TextYPos=FigureHeight-5 - 2 * TabSpace - TextHeight+2;
TextWidth=FigureWidth - TextXPos -3 * TabSpace;
TextPosition=[TextXPos TextYPos TextWidth TextHeight];
TextString={'压缩算法：1.同余　2.MD5　默认 1',"',序列码类型：1.数字　2.其他 hash
```

```
值   默认 1','",'置…换后的序列码：',"};
TextStyle={'text','edit','text','edit','text','edit'};
TextTabSpace=40;
set(FigureHandle,'toolbar','none',...
    'numbertitle','off',...
    'position',FigurePosition,...
    'MenuBar','none',...
    'Resize','off',...
    'windowstyle','modal',...
    'color',FigureColor,...
    'name','序列码生成程序',...
    'visible','off');
PushbuttonHandle=zeros(1,PushbuttonNumber);
for num=1:PushbuttonNumber
    TempPushbuttonPosition=PushbuttonPosition;
    TempPushbuttonPosition(1)=TempPushbuttonPosition(1)...
        +(num-1)*(PushbuttonWidth+TabSpace);
    PushbuttonHandle(num)=uicontrol(...
        'parent',FigureHandle,...
        'string',PushbuttonString{num},...
        'style','pushbutton','fontsize',12,...
        'backgroundcolor','[.8 .8 .9]','fontname','宋体',...
        'callback',PushbuttonCallback{num},...
        'position',TempPushbuttonPosition);
end
TextHandle=zeros(1,TextNumber);
EditColor=[.9 .9 .9];
TextColor=...
    [FigureColor;EditColor;FigureColor;EditColor;FigureColor;EditColor ];
for num=1:TextNumber
    TempTextPosition=TextPosition;
    TempTextPosition(4)=TempTextPosition(4)+10+30 * mod(num-1,2);
    TempTextPosition(2)=...
        TempTextPosition(2)-(num-1)*(TextTabSpace+TextHeight);
    TextHandle(num)=uicontrol('parent',FigureHandle,...
        'string',TextString{num},...
```

```
            'HorizontalAlignment','left','fontsize',12,...
            'style',TextStyle{num},'fontname','宋体',...
            'backgroundcolor',TextColor(num,:),...
            'position',TempTextPosition);
end
set(TextHandle(TextNumber),'enable','off','tag','TextHandle');
RunPushbuttonXPos=FigureWidth-30+1 * TabSpace -PushbuttonWidth;
RunPushbuttonYPos=TempTextPosition(2)+TabSpace-8;
RunPushbuttonWidth=PushbuttonWidth - 3 * TabSpace+30;
RunPushbuttonHeight=30;
RunPushbuttonPosition=[RunPushbuttonXPos RunPushbuttonYPos...
    RunPushbuttonWidthRunPushbuttonHeight];
setappdata(FigureHandle,'PushbuttonHandle',PushbuttonHandle);
setappdata(FigureHandle,'TextHandle',TextHandle);
EnableTap=2;
EnablePushbuttonPosition=get(PushbuttonHandle(1),'position');
EnablePushbuttonPosition(4)=EnablePushbuttonPosition(4)+EnableTap;
AvildColor=get(PushbuttonHandle(1),'backgroundcolor');
for num=1:TextNumber
    set(TextHandle(num),'string',TextString(num));
end
function CloseFun(FigureHandle)
close;%退出
function ConfCode=SnCodeFun(Key,SnCode)%Xlm 算法调用
ConfCode=char(Snm());

function XlmRun(FigureHandle)
PushbuttonHandle=getappdata(FigureHandle,'PushbuttonHandle');
TextHandle=getappdata(FigureHandle,'TextHandle');
String1=get(TextHandle(2),'string');
String2=get(TextHandle(4),'string');
String1=char(String1);
String2=char(String2);
if isempty(String1)
    String1='1';
    set(TextHandle(2),'string',String1,'enable','on',...
```

```
'foregroundcolor',[0. 8 0. 2 0. 2],'fontsize',16);
    elseif isempty(String2)
    String2='1';
    set(TextHandle(4),'string',String2,'enable','on',...
    'foregroundcolor',[0. 8 0. 2 0. 2],'fontsize',16);
    else
    String3=feval('Xlm','SnCodeFun',String1,String2);
set(TextHandle(6),'string',String3,'enable','on',...
    'foregroundcolor',[0. 8 0. 2 0. 2],'fontsize',16);
end
% Snm. m 序列码算法外部函数
function sn=Snm()
num1=vpi(10)^17;b=randint(num1);
r=mod(b,99999973);b=strtrim(num2str(b));
while length(b)<17
   b=strcat('0',b);
end
r=strtrim(num2str(r));
while length(r)<8
   r=strcat('0',r);
end
for i=1:7
    a1=2*i+1;a2=i;
    [b(a1),r(a2)]=Swap(b(a1),r(a2));
end
s=strcat(b,r);
sn=strcat(s(1:5),'-',s(6:10),'-',s(11:15),'-',s(16:20),'-',s(21:25));
return
end


function [s1,s2]=Swap(s1,s2)
tem=s1;s1=s2;s2=tem;
return
end
```

附录 C

数据类型及其转换

数据类型包括:有序的 0 和 1 组成的**比特串**;字节(8 个比特为 1 个字节)序列组成的**字节串**;有限域 F_q 中的元即**域元**;椭圆曲线上的点为 $P \in E(F_q)$. 或为一对域元 (x_P, y_P),其中 x_P, y_P 满足椭圆曲线方程,或为无穷远点 O. 点的字节串用一个字节 PC 标示.无穷远点 O 的字节串是单一的零字节 PC=00. 其他点有三种表示形式:(a) 压缩形式,PC=02 或 03;(b) 未压缩形式,PC=04;(c) 混合形式,PC=06 或 07.

(1) 整数转换成字节串

输入 非负整数 x,以及字节串的目标长度 k(其中 k 满足 $2^{8k} > x$).

输出 长度为 k 的字节串 M. 设 $M_{k-1}, M_{k-2}, \cdots, M_0$ 是 M 的从左到右的字节,满足 $x = \sum_{i=0}^{k-1} 2^{8i} M_i$.

(2) 字节串转换成整数

输入 长度为 k 的字节串 M. 设 $M_{k-1}, M_{k-2}, \cdots, M_0$ 是 M 的从左到右的字节.

输出 整数 x.将 M 转换为整数 $x = \sum_{i=0}^{k-1} 2^{8i} M_i$.

(3) 比特串转换成字节串

输入 长度为 m 的比特串 s. 设 $s_{m-1}, s_{m-2}, \cdots, s_0$ 是 s 从左到右的比特.

输出 长度为 k 的字节串 M,其中 $k = \lceil m/8 \rceil$,这里 $\lceil \ \rceil$ 表示向上取整.

设 $M_{k-1}, M_{k-2}, \cdots, M_0$ 是 M 从左到右的字节,则 $M_i = s_{8i+7} s_{8i+6} \cdots s_{8i+1} s_{8i}$,其中 $0 \leqslant i < k$,当 $8i+j \geqslant m, 0 < j \leqslant 7$ 时,$s_{8i+j} = 0$.

(4) 字节串转换成比特串

输入 长度为 k 的字节串 M. 设 $M_{k-1}, M_{k-2}, \cdots, M_0$ 是 M 从左到右的字节.

输出 长度为 m 的比特串 s,其中 $m = 8k$. 设 $s_{m-1}, s_{m-2}, \cdots, s_0$ 是 s 从左到右的比特,则 s_i 是 M_j 右起第 $i - 8j + 1$ 比特,其中 $j = \lceil i/8 \rceil$.

(5) 域元转换成字节串

输入 F_q 的类型和其中的元 α.

输出 长度 $l = \lceil t/8 \rceil$ 的字节串 S,其中 $t = \lceil \log_2 q \rceil$.

(a) 若 q 为奇素数,则 α 必为区间 $[0, q-1]$ 中的整数,按(1)把 α 转换为长度为 l 的字节串 S.(b) 若 $q = 2^m$,则 α 必是长度为 m 的比特串,按(3)把 α 转换成长度为 l 的字节串 S.

（6）字节串转换成域元

输入 基域 F_q 的类型，长度为 $l=\lceil t/8\rceil$ 的字节串 S，其中 $t=\lceil \log_2 q\rceil$.

输出 F_q 中的元 α.

（a）若 q 是奇素数，则按（2）将 S 转换为整数 α；若 $\alpha \notin [0, q-1]$，则报错.（b）若 $q=2^m$，则按（4）将 S 转换为长度为 m 的比特串 α.

（7）域元转换成整数

输入 F_q 的类型和其中的元 α.

输出 整数.

（a）若 q 是奇素数，则 $x=\alpha$（不需要转换）.（b）若 $q=2^m$，则 α 必是长度为 m 的比特串，设 $s_{m-1}, s_{m-2}, \cdots, s_0$ 是 α 从左到右的比特，将 α 转换成整数 $x=\sum_{i=0}^{m-1} 2^i s_i$.

（8）点转换成字节串

输入 椭圆曲线上的点 $P=(x_P, y_P)$，且 $P \neq O$.

输出 字节串 S.

（a）把域元 x_P 转换成长度为 l 的字节串 X_1，这里 $l=\lceil (\log_2 q)/8 \rceil$.（b）若选用压缩形式，则①计算比特 $\bar{y}_P$，这里 $\bar{y}_P$ 是域元 y_P 转换成比特串最右边一位；若 $\bar{y}_P=0$，令 PC=02；若 $\bar{y}_P=1$，令 PC=03；②字节串 $S=\text{PC} \parallel X_1$. 输出字节串长度为 $l+1$.（c）若选用未压缩形式，则①按（5）把域元 y_P 转换成长度为 l 的字节串 Y_1；②令 PC=04；③字节串 $S=\text{PC} \parallel X_1 \parallel Y_1$.（d）若选用混合形式，则①把域元 y_P 转换成长度为 l 的字节串 Y_1；②计算比特 $\bar{y}_P$；若 $\bar{y}_P=0$，令 PC=06；若 $\bar{y}_P=1$，令 PC=07；③字节串 $S=\text{PC} \parallel X_1 \parallel Y_1$. 未压缩形式或混合形式的输出字节串长度为 $2l+1$.

（9）字节串转换成点

输入 定义 F_q 上椭圆曲线的域元 a, b，字节串 S.

若选用压缩形式，则 $S=\text{PC} \parallel X_1$，其长度为 $l+1$，$l=\lceil (\log_2 q)/8 \rceil$；若选用未压缩形式或混合形式，则 $S=\text{PC} \parallel X_1 \parallel Y_1$，其中 PC 是单一字节，$X_1$ 和 Y_1 都是长度为 l 的字节串，其长度均为 $2l+1$.

输出 椭圆曲线上的点 $P=(x_P, y_P)$，且 $P \neq O$.

（a）按（6）把字节串 X_1 转换成域元 x_P.（b）若 S 的长度 $=l+1$，进行压缩形式判断和处理：①检验 PC=02 或者 03 是否成立，否则报错；②若 PC=02，令 $\bar{y}_P=0$；若 PC=03，令 $\bar{y}_P=1$；③将 $(x_P, \bar{y}_P)$ 转换为椭圆曲线上的一个点 (x_P, y_P).（c）若 S 的长度 $=2l+1$，①检验 PC=04 是否成立，②按（6）把字节串 Y_1 转换成域元 y_P. 或者③检查 PC=06 或 PC=07 是否成立，成立则运行④⑤，否则报错；④若 PC=06，令 $\bar{y}_P=0$，若 PC=07，令 $\bar{y}_P=1$；⑤将 $(x_P, \bar{y}_P)$ 转换为椭圆曲线上的点 (x_P, y_P)；或者按（6）把字节串 Y_1 转换成域元 y_P.（d）若 q 为奇素数，则验证 $y_P^2 \equiv x_P^3 + ax_P + b \pmod{q}$，若不满足则报错；若 $q=2^m$，则在 F_q 中验证 $y_P^2 + x_P y_P = x_P^3 + ax_P + b$，若不满足则报错；（e）$P=(x_P, y_P)$.

参 考 文 献

[1] STINSO R. 密码学原理与实践[M]. 冯登国, 等译. 北京：电子工业出版社, 2012.

[2] MARK STAMP. 信息安全原理与实践[M]. 张戈, 译. 北京：清华大学出版社, 2013.

[3] 闵嗣鹤, 严士健. 初等数论[M]. 北京：高等教育出版社, 2003.

[4] 孙琦, 万大庆. 置换多项式及其应用[M]. 沈阳：辽宁教育出版社, 1987.

[5] 陈小松, 唐勇民. 替代 LUC 系统的一种新公钥系统[J]. 通信学报, 2006(3), 124-128.

[6] 陈小松, 孙一为. 基于 Chebyshev 多项式的公钥系统[J]. 铁道学报, 2013(1), 77-79.

[7] 张禾瑞. 近世代数基础[M]. 北京：高等教育出版社, 2010.

[8] GM/T 0002-2012 SM4 分组密码算法[S]. 国家密码管理局, 2012.

[9] 郭亚军, 等. 信息安全原理与技术[M]. 北京：清华大学出版社, 2017.

[10] 卢开澄. 计算密码学[M]. 长沙：湖南教育出版社, 1992.

[11] SATOH T, TAKAKAZU. The canonical lift of an ordinary elliptic curve over a finite field and its point counting[J]. J. Ramanujan Math. Soc., 2000, 15(4), 247-270.

[12] 王学理, 裴定一. 椭圆与超椭圆曲线公钥密码的理论与实现[M]. 北京：科学出版社, 2006.

[13] ATKIN A O L, MORAIN. Elliptic curves and primality proving[J]. Math. Comp, 1993(61), 29-68.

[14] GM/T 0003-2012 SM2 椭圆曲线公钥密码算法[S]. 国家密码管理局, 2012.

[15] XIAOYUN WANG, HONGBO YU. How to Break MD5 and Other Hash Functions [J]. EUROCRYPT 2005, 19-35.

[16] GM/T 0004-2012 SM3 密码杂凑算法[S]. 国家密码管理局, 2012.

[17] 杨重骏, 杨照昆. 数学与电脑[M]. 长沙：湖南教育出版社, 1993.

[18] 桂小林, 等. 物联网信息安全[M]. 北京：机械工业出版社, 2018.

[19] 陈小松. 素数及其原根构造方法研究[J]. 数学理论与应用, 2000(1), 66-68.